초보 집사도 할 수 있다!

햄스터 야무지게 키우기

들어가는 말

먹이를 양 볼에 가득 담고서 열심히 쳇바퀴를 굴리거나 엉뚱한 표정을 지어 보이는 햄스터는 무척이나 사랑스러워요. 게다가 강아지나 고양이보다 몸집도 훨씬 작아서 펫 숍에서 고민하지 않고 쉽게 데려오곤 하지요? 햄스터는 이처럼 집에서 기르기 쉬운 동물이라고 생각하곤 해요.

하지만 햄스터는 생각보다 기르기 까다롭기도 해요. 야행성 동물이라서 사람이 깨어 있는 시간에는 계속 잠만 자고, 수명도 짧아서 몇 년밖에 살지 못하거든요. 잘못된 방법으로 기르면 오래 살지 못하는 동물이지요.

햄스터를 잘 키우기 위해선 햄스터에 대해 잘 아는 것이 중요합니다. 먼저 주변에 햄스터를 진찰해 주는 병원을 찾아 두세요. 햄스터를 치료해 주는 병원은 생각보다 많지 않을 거예요. 혹시 모를 일을 대비하기 위해 먼저 병원을 찾아 놓은 다음 이 책을 펼쳐서 읽으세요. 이 책에는 햄스터에 대한 모든 것과 올바른 육아법을 담아 놓았거든요. 자녀가 동물의 생명을 책임지고 소중히 키울 수 있도록 엄마, 아빠도 함께 읽으면 좋은 햄스터 육아서랍니다.

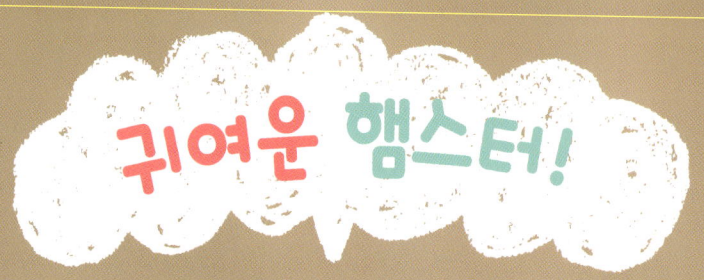

귀여운 햄스터!

 작고 귀여운
소중한 내 친구 ♡

밥 맛있다 ♪

아삭아삭
신선한 채소도
정말 맛있어!

아침이라 좀 졸리네...

계속 사이좋게 지내자!

이 책의 사용법

어린이 친구들도 이해하기 쉽도록 쉽고 재미있게 쓰여 있어요.
설명을 읽어도 잘 이해되지 않는 부분은 부모님께 여쭤 보세요.

방법 15

햄스터를 기르는 총 37가지의 방법을 소개합니다.

식사의 기본
식사의 적정량과 기호성에 주의하자

하루에 급여하는 식사량을 알아 두세요.
먹는 모습이 사랑스럽다고 지방 함량이 많은 동물성 음식을 너무 많이 주면 햄스터의 건강을 해칠 수 있어요.

check! 1 하루 적정량을 기억하자

펠릿을 중심으로 급여하는 경우라도 원하는 만큼 다 주면 비만이 되고 말아요. 하루에 급여해야 할 적정량은 골든 햄스터 10~15g, 중가리아나 로보로브스키 같은 드워프 햄스터 3~4g입니다. 이는 체중의 약 5~10%에 달하는 무게예요.

check! 2 채소는 반드시 '생'으로만 급여하자

햄스터의 아래위 4개의 앞니는 평생 자라기 때문에 딱딱한 음식을 먹어 이빨이 조금 닳아도 괜찮아요. 부드러운 먹이만 계속 급여하면 앞니가 너무 길어져서 부러지거나 엉뚱한 방향으로 휠 수 있으므로 채소는 되도록이면 생으로 급여하세요.

> **햄찌 팁!**
> 채소를 중심으로 급여하면 햄스터가 물을 잘 먹지 않을 수도 있어요. 하지만 채소에 수분이 많이 함유되어 있으니 걱정하지 않아도 돼요.

제3장 햄스터를 올바르게 돌보는 방법은 무엇일까

주제는 크게 6장으로 나뉘어 있어요.
햄스터의 종류와 특징, 키우기 전 준비 사항, 돌보는 법, 교감 방법, 계절에 따른 사육 방법 및 외출 시 주의할 점, 질병과 부상 예방으로 구성되어 있어요.
처음부터 차근차근 읽어 주세요.

올바른 육아법과 해서는 안 되는 행동을 주제마다 'check!'에서 소개합니다.

해당 페이지에 쓰여 있는 내용의 제목과 주제입니다.

check! 3 씨앗류를 너무 많이 주면 뚱뚱해진다

햄스터가 해바라기씨나 호박씨를 까먹는 모습은 무척 귀여워요. 하지만 씨앗류에는 다량의 기름이 함유되어 있어요. 게다가 혼합 사료 속에는 대부분 씨앗류가 들어 있기 때문에 씨앗류를 따로 챙겨 주지 않아도 괜찮아요. 어떤 햄스터는 고지방 먹이만 골라 먹으며 편식을 하기도 하는데 그러다 보면 비만을 비롯해 여러 가지 질병에 걸릴 수 있어요.

체력을 보충해야 할 계절이나 임신 중이 아니라면 씨앗류를 따로 챙겨 주지 않아도 돼요. 그리고 정기적으로 몸무게를 재서 기록해 두세요. 햄스터를 높이가 있는 컵에 넣고 저울에 올려놓으면 체중을 재기 쉬워요.

귀여운 햄스터의 사진을 이용해 설명합니다. 사랑스럽고 귀여운 햄스터의 사진을 보고 있으면 기분이 좋아질 거예요.

햄찌 팁!
집사는 햄스터를 매일 보기 때문에 몸무게의 변화를 알아차리기 어려워요. 사진을 찍어 두면 변화를 바로 알 수 있답니다!

'햄찌 팁!'에서는 보충 설명이나 흥미로운 정보 등을 소개합니다.

check! 4 먹다 남긴 양을 확인하자

밥그릇이 비어 있어서 다 먹은 줄 알았는데 사실은 그렇지 않은 경우도 있어요. 햄스터는 본능적으로 보금자리에 먹이를 숨기는 습성이 있거든요. 새 먹이를 줄 때는 은신처 등에 먹이를 숨겨 놓지 않았는지 확인해 보세요.

사진으로 설명하기 어려운 내용은 일러스트를 이용해 이해하기 쉽게 하였습니다.

차례

들어가는 말	P6-7
햄스터 스냅 사진	P8-13
이 책의 사용법	P14-15

제1장 햄스터의 종류와 특징을 알아볼까?

방법1	햄스터의 신체 특징을 알자	P20-21
	반려동물로 인기 있는 햄스터 3종 / 중가리아	P22-23
	반려동물로 인기 있는 햄스터 3종 / 골든	P24-25
	반려동물로 인기 있는 햄스터 3종 / 로보로브스키	P26-27
방법2	야생 햄스터의 생활과 습성을 알자	P28-29
방법3	사람들이 햄스터를 키우게 된 역사	P30-31
방법4	햄스터의 행동은 야생의 본능에서 나온다	P32-38

제2장 햄스터를 키우기 전 준비해야 할 것은 무엇일까?

방법5	한 케이지에 햄스터 한 마리가 기본	P40-41
방법6	집에서 가까운 동물병원과 주치의를 찾자	P42-43
방법7	입양은 지인이나 펫 숍을 통해	P44-45
방법8	안심하고 생활할 수 있는 환경을 만들자	P46-50
	케이지에 맞는 적절한 용품을 준비하자	P51-52

제3장 햄스터를 올바르게 돌보는 방법은 무엇일까?

방법 9	케이지 둘 곳을 확인하자	P54-55
방법 10	케이지에서 꺼낼 때는 조심하자	P56-59
방법 11	햄스터를 맞이하고 일주일 동안 주의할 점	P60-61
방법 12	하루 생활 리듬과 돌봄 시간을 알아 두자	P62-63
방법 13	햄스터에게 필요한 돌봄 활동을 알아 두자	P64-65
방법 14	건강 유지는 균형 잡힌 식사가 핵심	P66-67
방법 15	식사의 적정량과 기호성에 주의하자	P68-69
방법 16	하루 10분! 간단한 청소는 매일 하자	P70-71
방법 17	한 달에 한 번은 대청소를 하자	P72-73
Q&A	햄스터에 대해서 좀 더 알려 주세요! 1	P74

제4장 햄스터와 친해지려면 어떻게 해야 할까?

방법 18	햄스터는 예민한 동물 만질 때 주의해야 할 점	P76-77
방법 19	처음부터 바르게 잡는 법을 배우자	P78-79
방법 20	잘 잡히지 않을 때는 햄스터의 습성을 이용하자	P80-81
방법 21	매일 핸들링을 통해 몸의 변화를 읽자	P82-83
방법 22	매일 교감을 나누며 건강도 체크하자	P84-85
방법 23	집사와 친해지면 편안함을 느낀다	P86-87
방법 24	우리 집 햄스터의 귀여운 표정을 찍어 보자	P88-89

제5장 계절별 돌봄 방법과 외출 시 주의할 점을 알아볼까?

- 방법 25 봄·가을은 돌보기 가장 쉬운 계절 — P92-93
- 방법 26 여름에는 습기와 더위 대책을 세우자 — P94-95
- 방법 27 너무 추우면 동면하는 경우도 있다 — P96-97
- 방법 28 외출할 때를 위해 이동장을 준비하자 — P98-99
- 방법 29 집을 비울 때는 어떻게 해야 할까? — P100-101
- Q&A 햄스터에 대해서 좀 더 알려 주세요! 2 — P102

제6장 햄스터가 아프면 어떻게 해야 할까?

- 방법 30 햄스터가 잘 걸리는 질병을 알자 — P104-111
- 방법 31 부상을 막으려면 다시 한 번 살펴보자 — P112-113
- 방법 32 싸움을 피하고 물리지 않게 주의하자 — P114-115
- 방법 33 햄스터에게 주면 안 되는 위험한 음식 — P116-117
- 방법 34 한여름 밀폐된 방은 열사병의 위험도 있다 — P118-119
- 방법 35 조용하고 깨끗한 환경이 중요 — P120-121
- 방법 36 햄스터도 사람처럼 간호가 필요하다 — P122-123
- 방법 37 생명에는 끝이 있다 햄스터와 이별하기 — P124-125
- Q&A 햄스터에 대해서 좀 더 알려 주세요! 3 — P126-127
- Q&A 햄스터에 대해서 좀 더 알려 주세요! 4 — P128-129
- 햄피 집사일지 — P130-138
- 끝맺으며 — P139

제**1**장

햄스터의 종류와 특징을 알아볼까?

방법 1

신체 기능

햄스터의 신체 특징을 알자

제1장 햄스터의 종류와 특징을 알아볼까?

야생 햄스터는 혹독한 환경에서 생활하고 있어요.

그래서 햄스터의 신체 기관에는 야생에서 살아남기 위해 진화해 온 뛰어난 기능들이 많아요.

청각

사람에게는 들리지 않는 초음파나 고주파를 들을 수 있어요. 초음파를 사용해 대화하기도 해요.

꼬리

꼬리는 짧아요. 골든 햄스터는 꼬리 뒷면에 털이 자라지 않지만, 중가리아나 로보로브스키 같은 햄스터는 꼬리 뒷면에도 털이 자라요.

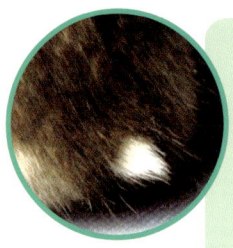

볼주머니

햄스터 하면 양 볼이 빵빵하게 부푼 얼굴이 먼저 떠오르곤 하죠? 햄스터의 입안 양쪽에는 볼주머니가 있어서 먹이를 잔뜩 집어넣을 수 있답니다.

피부

피부는 무척 부드러운데, 특히 등 쪽 피부가 보드라워요. 쓰다 듬어 주면 좋아할 수도 있어요.

귀여워!

눈

시력은 별로 좋지 않지만, 야행성이라서 어둠 속에서도 사물을 잘 볼 수 있어요. 눈 색깔은 보통 까만색이지만, 빨간색을 띠는 '알비노'라는 종류도 있어요.

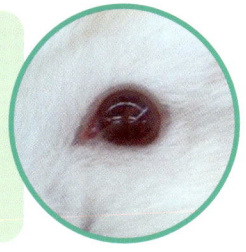

후각

냄새를 잘 맡아서 먹이 찾는 데 선수예요. 집사의 냄새도 기억한답니다.

이빨

이빨은 모두 16개로 사람의 절반이에요. 위아래 4개의 앞니는 평생 자라요. 위험을 느끼면 방어 반응으로 꽉 물기도 해요.

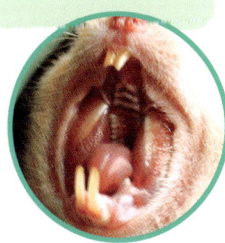

앞발

앞발의 발가락은 4개이며, 먹이나 물건을 잡을 때 사용해요.

종류
반려동물로 인기 있는 햄스터 3종
[중가리아]

등에 검은색 털이 자라요

성격마다 다르겠지만 초보 집사도 키우기 쉬워요

노멀

가장 키우기 쉬운 종이에요!

DATA

원산국	카자흐스탄·시베리아 남서부 주변
신장	수컷 7~12cm 암컷 6~11cm
체중	수컷 35~45g 암컷 30~40g
수명	약 2~3년

중가리아의 모색

- ★ 노멀
- ★ 스노우 화이트
- ★ 블루 사파이어
- ★ 푸딩
- ★ 펄 화이트
- ★ 파이드

햄스터에는 다양한 종이 있습니다. 그중 반려동물로 가장 인기가 많은 종은 골든 햄스터와 '드워프'라는 작은 종인 중가리아와 로보로브스키예요. 지금부터 각 햄스터의 특징을 살펴보아요.

중가리아는 몸집이 작고 사람을 잘 따르는 데다 귀여운 표정과 행동으로 반려동물로 가장 많이 기르는 햄스터예요. 중국 신장 위구르의 중가리아 분지에서 처음 발견되었다 하여 '중가리아'라고 이름 붙였어요. 우리나라에서는 '정글리안'이라는 이름으로 더 알려졌지요.

중가리아의 모색(털색)은 다양해요. 어두운 갈색빛인 '노멀'은 등에 검은색 줄이 들어가 있어요. '블루 사파이어'는 푸른빛을 띠고, '펄 화이트'는 전체적으로 하얀색인데 노멀처럼 등에 검은색 줄이 있어요. 펄 화이트 중에 검은색 털이 하나도 없는 종은 '스노우 화이트'라고 해요. 이 밖에도 베이지색을 띠는 '푸딩'과 검은색, 회색, 흰색의 얼룩이 들어간 '파이드' 등이 있답니다.

이런 모색(털색)도 있어요!

펄 화이트

푸딩

블루 사파이어

종류
반려동물로 인기 있는 햄스터 3종
[골든]

노멀

킹쿠마

골든 햄스터를 키울 때는 가장 큰 케이지를 준비하는 게 중요해요

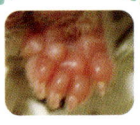

뒷발바닥에는 털이 자라지 않아요

큰 몸집이 특징이지요!

DATA

원산국	시리아, 레바논, 이스라엘 주변
신장	수컷 16~18cm 암컷 18~20cm
체중	수컷 85~130g 암컷 95~150g
수명	약 4~5년

골든의 모색

- ★ 노멀(얼룩무늬)
- ★ 밴디드
- ★ 킹쿠마
- ★ 토리콜로르
- ★ 도미노
- ★ 블랙&화이트
- ★ 아프리콧
- ★ 장모 등

특징

골든 햄스터는 햄스터 가운데 몸집이 가장 큰 종이에요. 특히 수컷보다 암컷의 몸집이 더 크지요. 아주 영리하고 사람을 잘 따라서 반려동물로 인기가 많은 햄스터랍니다. 모색의 종류도 무척 다양해서 하얀색과 주황색이 뒤섞인 '노멀'부터 '킹쿠마', '도미노', '아프리콧' 외에 하얀 띠를 배에 한 바퀴 두른 듯한 '밴디드', 털이 긴 장모종과 눈 색깔이 빨간 알비노도 있어요.

뒷발바닥에는 털이 자라지 않아서 발볼록살(발바닥에 볼록하게 튀어 나온 부분으로 집사들 사이에서 흔히 '젤리'라고 부르는 부분)이 보이는 것도 특징이지요. 평소에는 온순하지만 한 케이지에 수컷끼리 넣어 두면 본능적으로 영역 싸움을 하기 때문에 반드시 한 케이지에 한 마리만 키워야 합니다.

이런 모색(털색)도 있어요!

화이트 장모

크림 밴디드

달마시안

종류
반려동물로 인기 있는 햄스터 3종
[로보로브스키]

노멀

눈 위에 눈썹처럼 하얀 무늬가 있어요.

작아서 움직임이 무척 빨라요!

DATA

원산국	러시아(투바 지방), 카자흐스탄 동부 주변
신장	7~10cm
체중	15~30g
수명	약 2~3년

로보로브스키의 모색

★ 노멀
★ 화이트
★ 파이드

※펫 숍 등에서 볼 수 있는 로보로브스키의 모색은 대부분 노멀이에요.

특징

로보로브스키는 햄스터 가운데 몸집이 가장 작은 종이에요. 겁이 무척 많아서 사람을 잘 따르지 않기 때문에 친해지기 힘들어요. 또 배변 교육도 어렵다 보니 햄스터를 처음 키우는 사람이라면 다소 키우기 힘들 수 있어요. 로보로브스키의 모색은 몸의 윗부분은 황갈색이고 아랫부분은 하얀빛을 띠는 '노멀'이 가장 많아요. 중가리아와 달리 등에 줄은 없어요.

그 밖에 전체적으로 하얀 빛을 띠는 '화이트'와 흰색 털에 갈색 털이 섞인 '파이드'가 있답니다. 로보로브스키는 호기심이 왕성하고 활동량도 많아서 몸집은 작아도 큰 케이지가 필요해요. 겁이 많고 경계심이 강해서 친해지는 데 오랜 시간이 걸릴 수 있어요. 자주 만지면 스트레스를 받을 수 있으니 눈으로만 봐 주세요.

이런 모색(털색)도 있어요!

사람을 잘 따르지 않기 때문에 햄스터를 처음 키운다면 힘들 수도 있어요

화이트

파이드

야생의 삶
야생 햄스터의 생활과 습성을 알자

야생 햄스터가 사는 곳은 사막이나 초원 지대로 건조한 기후가 특징이에요. 그래서 장마가 있거나 습도가 높은 기후 환경은 햄스터가 살기에는 적합하지 않아요.

제1장 햄스터의 종류와 특징을 알아볼까?

check! 1 발바닥을 보자

◀ 골든 햄스터

중가리아 햄스터 ▶

골든 햄스터의 발바닥에는 강아지나 고양이처럼 발볼록살이 있어요. 발볼록살은 걷거나 달릴 때 충격을 완화시키고 미끄러지지 않게 해 줘요. 중가리아나 캠벨 햄스터는 추운 러시아 지역에 서식하고 있기 때문에 발바닥에 털이 수북이 자랍니다. 그래서 발볼록살이 잘 보이지 않아요.

중가리아 햄스터
카자흐스탄, 시베리아 남서부 등

로보로브스키 햄스터
러시아(투바 지방), 카자흐스탄 동부 등

캠벨 햄스터
러시아, 몽골, 헤이룽장성 등

골든 햄스터
시리아, 레바논, 이스라엘 등

차이니즈 햄스터
중국 북서부, 네이멍구 자치구

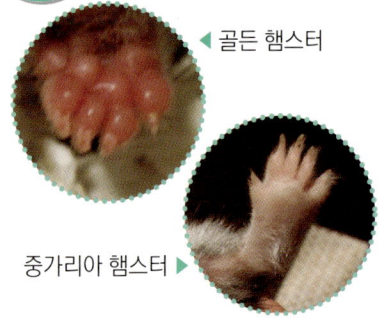

땅굴을 파서 목적별로 방을 만든다

야생 햄스터는 땅굴을 깊이 판 뒤 그 안에서 생활해요. 먹이를 저장하는 창고와 화장실, 침실 등 사람처럼 목적별로 방을 만들어 사용하지요. 집에서 기르는 햄스터가 바닥에 깐 톱밥을 파는 행동을 하는 이유도 땅굴을 파서 방을 만드는 야생의 습성이 남아 있어서예요.

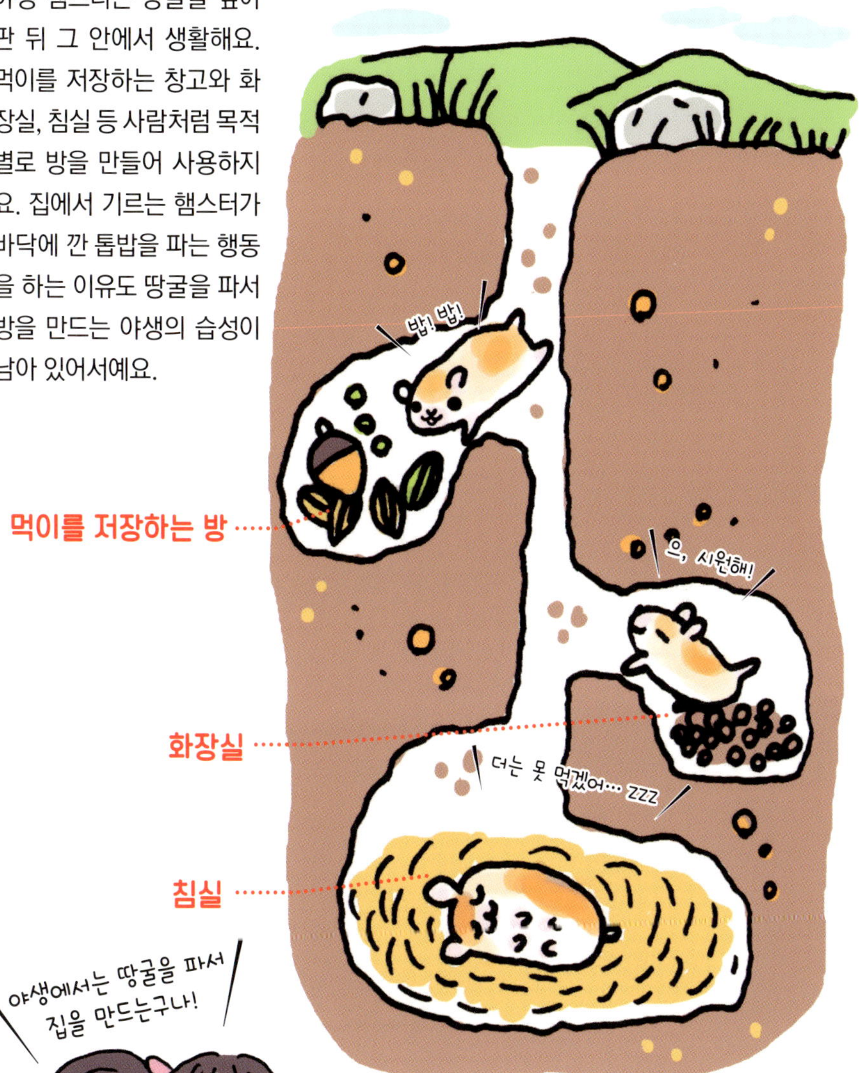

먹이를 저장하는 방

화장실

침실

역사

사람들이 햄스터를 키우게 된 역사

제1장 햄스터의 종류와 특징을 알아볼까?

귀여운 생김새로 많은 사람들의 사랑을 받고 있는 햄스터. 하지만 사람들이 햄스터를 기르기 시작한 건 의외로 얼마 되지 않았어요. 사람들이 어떻게 햄스터를 키우게 되었는지 그 역사를 살펴보아요.

check 1 햄스터의 역사를 알자

골든 햄스터의 역사

1797년	문헌에 등장
1839년	첫 실물 표본을 학회에 제시
1930년	시리아에서 골든 햄스터 새끼와 어미 발견, 포획
1931년	새끼의 자손 일부가 영국에 반입
1938년	런던 동물학 협회에서 가축화에 성공
1938년	실험용 동물로 미국에 반입
1990년경	수입 반려동물로 우리나라에 정착하기 시작

개와 고양이와 비교했을 때 인간이 햄스터를 반려동물로 키우기 시작한 역사는 굉장히 짧아요. 1930년, 동물학자인 이즈라엘 아로니(Israel Aharoni)가 시리아에서 12마리의 골든 햄스터 새끼와 어미를 발견하고 포획했어요. 그리고 새끼 3마리(수컷 1마리, 암컷 2마리)의 교배를 반복하여 1년에 150마리로 그 숫자를 늘렸지요.

그 후, 자손의 일부가 영국에 반입되고 런던 동물 학회에 의해 번식되어 일반인도 반려동물로 기를 수 있게 되었답니다.

햄찌 팁!

햄스터의 기록이 문헌에 처음으로 등장한 시기는 약 230년 전인 1797년이에요. 실제 표본은 1839년에 등장했어요.

일본에서는 '치아' 연구용으로 활용

아아~

햄스터는 1938년엔 미국에 반입되었어요. 햄스터는 몸집이 작고 온순하며, 잡식성이라서 아무 음식이나 잘 먹어요. 또 성체가 되기까지의 기간이 짧고 임신 기간도 짧게는 16일, 길게는 30일 정도로 짧은 데다 번식이 비교적 간단해서 실험용 동물로 주목 받았지요.

일본에서는 1939년에 실험용 동물로 햄스터를 반입하여 '치아' 연구용으로 활용했다고 해요.

방법 4 행동
햄스터의 행동은 야생의 본능에서 나온다

햄스터가 보여 주는 귀엽고 사랑스러운 행동들은 대부분 야생의 본능이 그대로 나온 거예요. 햄스터가 지니고 있는 야생의 본능 중 대표적인 몇 가지 것들을 소개할게요.

제1장 햄스터의 종류와 특징을 알아볼까?

check! 1 어두워질 때쯤 일어나 달린다

햄스터는 야행성이기 때문에 어두워질 때쯤 일어나 활동을 시작합니다. 그러고는 케이지 안을 분주히 돌아다니거나 쳇바퀴를 열심히 굴리지요.
야생의 햄스터는 먹이를 구하러 날마다 꽤 먼 거리를 돌아다녀요. 하지만 집에서 기르는 햄스터는 그럴 수 없기 때문에 부족한 운동량을 채우기 위해서 쳇바퀴를 굴리는 거예요.

햄찌 팁!

넓은 케이지에서 기른다면 쳇바퀴를 꼭 둬야 할 필요는 없어요. 쳇바퀴를 고를 때는 몸집에 맞는 크기를 선택해 주세요. 자세한 내용은 52쪽에 있습니다.

check! 2 놀라울 만큼 많이 들어가는 볼주머니

야생 햄스터는 먹이를 발견하면 바로 먹지 않고 볼주머니 안에 넣어요. 그리고 또 다른 먹이를 찾아 이동하지요. 볼주머니 안에 먹이가 가득 차면 땅굴로 돌아가 먹이를 저장해 두는 방에다 꺼내 놓습니다. 비상식량인 셈이지요. 간혹 욕심을 너무 부리다가 볼주머니에 가득 찬 음식 때문에 얼굴 형태가 바뀌는 햄스터도 있답니다.

햄찌! 얼굴이 왜 이래?

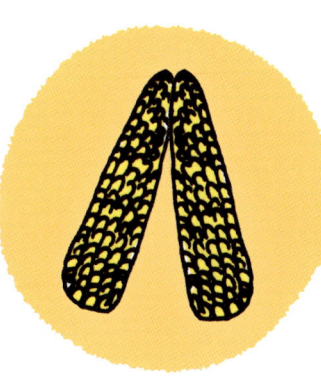

맛있는 걸 어떡해 ♪

check! 3 좁은 구멍에 들어가려고 한다

햄스터는 흙 속에 굴을 파서 생활하는 동물이에요. 굴속에서 안정감을 느끼기 때문에 원통형의 물건을 보면 머리부터 들이밀지요. 햄스터의 이러한 습성은 케이지 청소를 할 때 이용하면 좋아요. 햄스터와 아직 친해지지 못해서 함부로 잡아서 옮기기 어렵다면 휴지심 같은 원통형 물건에 들어가게 해 보세요. 햄스터를 쉽게 옮길 수 있을 거예요.

오! 내 몸이 길어졌다~!

check! 4 갉는 것이 특기

햄스터는 아래위 4개의 앞니를 이용해 단단한 나무 열매 등을 갉아 먹어요. 단단한 음식을 갉아 먹다 보면 앞니가 조금 닳기도 하는데 앞니는 평생 자라기 때문에 걱정하지 않아도 돼요. 햄스터는 앞니가 계속 자라는 걸 방지하기 위해서 무언가를 계속 갉고 싶어 하는 본능이 있어요. 먹이뿐만 아니라 케이지나 목제 은신처를 갉는 행동도 이와 같은 본능 때문이랍니다.

그렇구나~!

check! 5 목을 움츠린다

갑자기 무언가 휙 나타나거나 위에서 물건이 떨어지는 것처럼 공포나 불안을 느끼는 상황이 되면 사람은 자신도 모르게 목을 움츠리게 돼요.
햄스터도 마찬가지예요. 낯선 사람이 만지려 하거나 갑작스럽게 큰 소리가 나면 무서워서 목을 움츠리지요. 또 햄스터의 한쪽 앞발이 올라가 있다면 경계를 하고 있거나 곧 도망치겠다는 신호예요.

제1장 햄스터의 종류와 특징을 알아볼까?

보호자의 냄새를 기억한다

종과 성격에 따라 다르겠지만, 햄스터는 매일 돌봐 주고 예뻐해 주면 집사의 냄새를 기억합니다. '이 냄새는 안전해', '나를 해치지 않아'라고 판단하면 손을 내밀었을 때 손 위로 올라오기도 해요.

톱밥에 누워서 등을 문지른다

햄스터는 몸에 '취선(동물의 체내에서 악취가 나는 분비물을 분비하는 분비샘)'이 있어요. 이 취선을 이용해 냄새를 묻혀 자신의 영역을 알리지요.

히지만 게이지를 청소한 후에는 자신의 냄새가 나지 않기 때문에 불안해할 수 있어요. 그래서 톱밥에 등을 문지르며 자신의 냄새를 묻히려 하지요.

check! 8 뒷발로만 선다

뒷발로 서서 귀를 쫑긋거리는 햄스터의 모습은 참 사랑스러워요. 하지만 이건 주위를 경계할 때 보이는 행동이에요. 몸집이 작기 때문에 시야가 넓지 않아 멀리까지 내다보려고 서 있는 거지요.

또 화가 났을 때도 상대보다 더 커 보여서 상대를 위협하기 위해 뒷발로 서는 행동을 한답니다.

check! 9 배를 내밀며 난폭해진다

오른쪽과 같은 행동은 햄스터가 불만이 있을 때 보이는 행동이에요. 배를 내민 자세로 '찌이익-, 찌이익-' 하고 울면서 난폭해져 있을 때 무심코 만졌다간 손을 물릴 수도 있으니 조심하세요.

제1장 햄스터의 종류와 특징을 알아볼까?

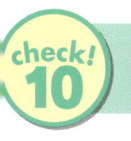

check! 10

울면서 위협한다

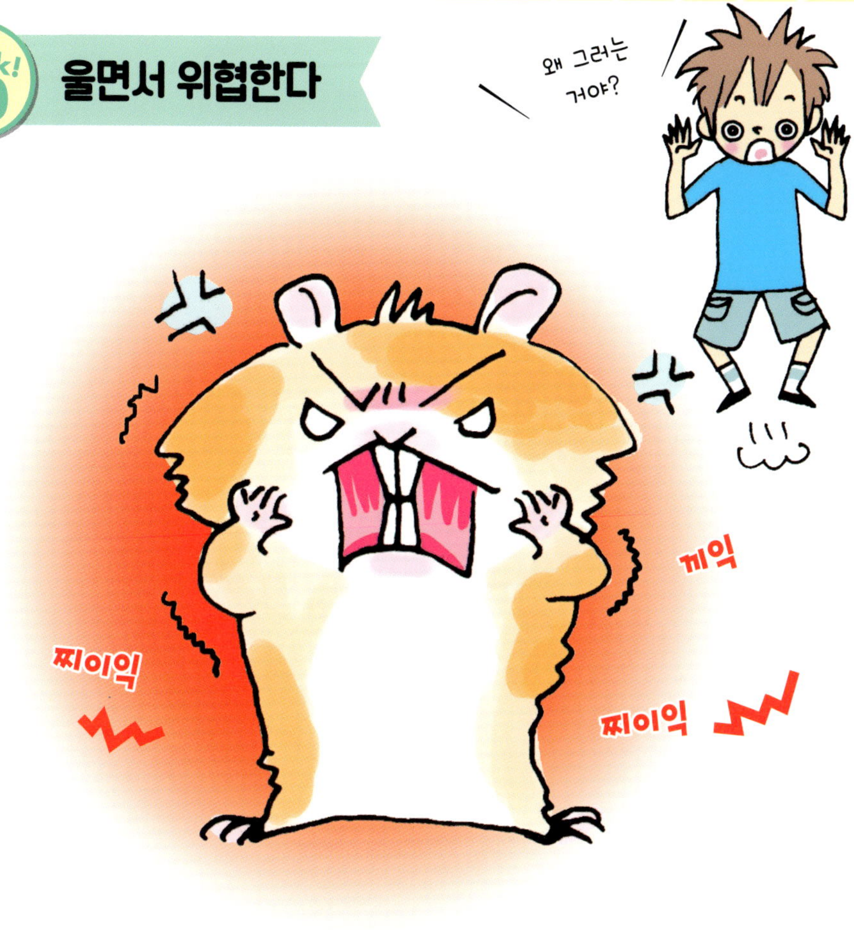
왜 그러는 거야?
찌이익
끼익
찌이익

햄스터는 평소에는 온순한 동물이지만 화가 나거나 기분이 언짢으면 '찌이익-, 찌이익-' 하고 울기도 합니다. 특히 한 케이지에 2마리를 키우면 '찌이익', '끼익 끼익' 같은 요란한 소리를 내며 싸우기도 해요. 이러한 소리가 난다면 햄스터가 어떤 이유에서 소리를 내는 건지 살펴봐야 해요. 만약 햄스터끼리 싸움이 난 거라면 즉시 분리해 주세요.

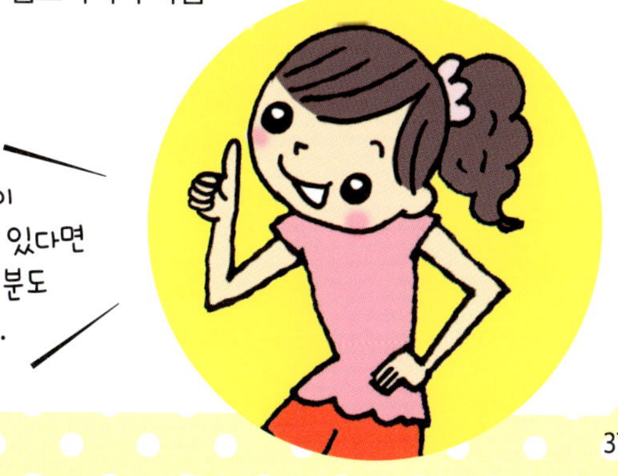
햄스터의 행동이
의미하는 바를 알 수 있다면
햄스터의 현재 기분도
알 수 있어요.

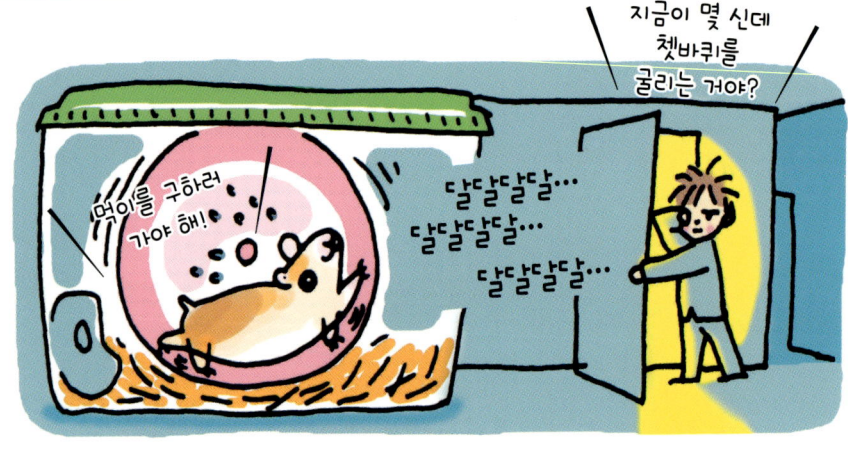

제1장 햄스터의 종류와 특징을 알아볼까?

 **낮에는 자고 밤에 활동하는 이유**

햄스터는 몸집이 작고 약해서 큰 동물의 먹잇감이 되기 쉬워요. 그래서 야생의 햄스터는 낮 시간대는 주로 천적과 더위를 피해 땅굴에 숨어서 자고 있다가 어두워지면 일어나 활동을 시작해요. 집에서 키우는 햄스터가 대부분 낮에는 잠만 자는 이유도 이러한 야생의 습성이 남아 있어서예요.

귀엽다는 이유만으로 햄스터를 키우게 되면 낮 시간엔 대부분 잠만 자기 때문에 지루함을 느낄지도 몰라요. 햄스터의 습성을 잘 이해한 뒤 기르도록 해요.

제2장

햄스터를 키우기 전 준비해야 할 것은 무엇일까?

방법 5

합사는 위험
한 케이지에 햄스터 한 마리가 기본

햄스터는 여러 마리를 함께 키울 수 있는 종도 있지만 한 케이지에 한 마리만 키우는 것이 가장 좋아요. 특히 햄스터를 처음 키워 본다면 우선 한 마리만 소중하게 키워 보세요.

제2장 햄스터를 키우기 전 준비해야 할 것은 무엇일까?

check! 1 ### 한 마리만 키워도 외롭지 않다

햄스터를 키울 때 '한 마리만 있으면 외롭지 않을까?'라고 생각하는 친구들도 많을 거예요. 하지만 걱정하지 않아도 돼요. 햄스터는 무리 지어 생활하는 동물이 아니거든요. 햄스터 수컷은 자신의 영역을 지키려는 의지가 강하기 때문에 종에 상관없이 한 마리만 키우는 것을 추천해요. 특히 골든 햄스터는 다른 햄스터보다 덩치가 큰 만큼 싸움도 격렬하게 해요. 자칫 영역 다툼을 하다가 크게 다칠 수 있으므로 반드시 한 케이지에 한 마리만 키워 주세요.

이렇게 사이가 좋은데 떨어뜨려 놓으면 외로워하지 않을까?

check 2 — 성별에 따른 성격

햄스터는 종과 개체에 따라서 조금씩 성격의 차이가 있지만, 성별에 따라서도 성격이 달라요.

> **햄찌 팁!**
> 수컷은 자신의 영역을 지키려는 의지가 강해서 여러 마리의 수컷이 함께 있으면 싸움의 원인이 돼요. 대체로 암컷이 스트레스에 더 강하고 온순한 편이에요.

수컷

- 호기심이 왕성하다.
- 형제일지라도 성장하면 자신의 영역을 지키려고 한다.
- 여러 마리가 함께 있는 케이지에서 싸움이 나면 즉시 분리해야 한다.

암컷

- 임신 기간 외에는 스트레스에 강한 편이다.
- 사람을 잘 따른다.

방법 6 찾아 두기
집에서 가까운 동물 병원과 주치의를 찾자

햄스터를 키우기로 했다면 먼저 햄스터를 진찰해 주는 동물병원부터 찾으세요. 햄스터가 다치거나 병에 걸렸을 때 바로 찾아갈 수 있도록 되도록이면 집에서 가까운 곳으로 찾는 게 좋아요.

제2장 햄스터를 키우기 전 준비해야 할 것은 무엇일까?

check! 1 소개를 받거나 검색을 하자

햄스터를 건강하게 키우고 싶다면 햄스터를 진찰해 주는 동물병원을 미리 찾아 두어야 해요. 햄스터가 아플 때 즉시 갈 수 있도록 되도록 집에서 가까운 곳으로 찾는 게 좋아요. 동물병원은 보통 개와 고양이를 중심으로 진찰하기 때문에 몸집이 작고 수술이 어려운 햄스터는 진찰 대상에서 제외되는 경우가 많아요. 동물병원을 찾기 어려울 땐 햄스터를 분양받은 곳에서 동물병원을 소개받는 방법도 있어요.

햄스터도 진찰하나요?

일반인이 이용하는 정보 사이트에는 잘못된 정보도 많으므로 인터넷에서 동물병원을 찾은 경우엔 햄스터를 진찰해 주는지 다시 한 번 전화를 걸어 확인해 보세요. 동물병원을 찾았다면 햄스터가 아프지 않더라도 병원에 방문하여 햄스터를 앞으로 어떻게 키워야 하는지 주의 사항 등을 배워 두세요. 부모님과 자녀가 함께 상담받으면 더욱 좋겠지요?

check 2 — 나와 맞는 햄스터를 찾자

중가리아 햄스터

- 경계심이 적고 비교적 사람을 잘 따른다.
- 핸들링(햄스터가 손을 무서워하지 않고 익숙해지도록 하는 훈련)과 배변 훈련이 수월하다.
- 사랑스러운 표정과 행동으로 인기가 많다.

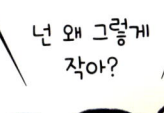

골든 햄스터

- 몸집의 크기는 로보로브스키의 약 2배
- 성격은 온순한 편이지만 한 케이지에 수컷끼리 함께 키우는 건 절대 금지
- 모색의 종류가 다양하다.
- 귀여운 표정과 행동으로 인기가 많다.

로보로브스키 햄스터

- 가장 작은 햄스터 종
- 겁이 무척 많음
- 체구는 작지만 활동량이 많아서 큰 케이지가 필요

방법 7 · 입양하기

입양은 지인이나 펫 숍을 통해

제 2 장 햄스터를 키우기 전 준비해야 할 것은 무엇일까?

햄스터는 주로 지인이나 펫 숍을 통해 분양받는 것이 보통이에요. 인터넷에서 분양받는 경우엔 여러 문제가 발생할 수 있으므로 부모님이 잘 판단해서 결정해 주세요.

check! 1 지인에게 분양받자

햄스터는 한 번에 여러 마리의 새끼를 낳아요. 햄스터를 분양하는 지인이 새끼를 많이 낳았으니 몇 마리 더 데려가라고 해도 처음부터 여러 마리를 데려오는 건 좋지 않아요. 생후 한 달 정도 된 햄스터를 한 마리만 입양하세요. 햄스터를 데려올 때는 햄스터의 종과 성별, 먹고 있는 사료의 종류를 확인해 두는 게 좋아요. 또 그동안 사용한 베딩을 조금만 얻어 오세요. 사용하던 베딩을 깔아 주면 햄스터가 자신의 체취를 맡고 안정감을 얻을 수 있어요.

햄찌 팁!

최근에는 햄스터를 인터넷에서 분양하기도 합니다. 모르는 사람에게서 햄스터를 분양받으면 건강 상태가 좋지 않은 햄스터를 받을 수도 있어요. 또 심한 경우 햄스터를 일반 택배로 보내는 사람도 있어요. 인터넷으로 분양받는 경우에는 부모님이 잘 확인해서 판단해 주세요.

check 2 — 소동물을 잘 아는 점원이 있는지 확인하자

소동물 전문점이나 대형 펫 숍에는 햄스터 같은 소동물에 대한 전문 지식을 갖춘 점원이 있습니다. 최근에는 햄스터를 일반 대형 마트 등에서도 분양하고 있는데 소동물에 대한 지식 없이 판매하는 매장도 있어요. 마트에서 햄스터를 입양하려는 경우 먼저 매장에 가서 소동물을 잘 아는 담당자가 있는지 물어 보세요.

질문을 해도 명확하게 대답하지 못하거나 여러 마리를 입양하길 권하는 매장은 피하는 게 좋아요. 특히 햄스터에게 질병이 있다는 걸 알면서도 이를 숨기고 판매하려는 매장도 있으므로 주의해야 돼요.

소동물에 대해선 제게 물어 보세요!

행찌 팁!

소동물에 대한 지식이 있는 점원이 있다면 안심해도 돼요.

check 3 — 저녁에 보러 가자

햄스터는 야행성 동물이므로 밝을 때 매장에 가면 대부분 자고 있을 거예요.
햄스터를 분양받기 전 건강 상태를 확인하고 싶다면 낮에 매장을 방문하는 것보다는 햄스터가 활동을 시작하는 저녁 6시 무렵에 보러 가는 게 좋아요.

음냐, 음냐. 해바라기씨는 너무 맛있어…

행찌 팁!

가능하면 같은 매장에 여러 번 가 보세요. 오랫동안 분양되지 않은 햄스터는 피하는 편이 좋습니다.

육아용품
안심하고 생활할 수 있는 환경을 만들자

제2장 햄스터를 키우기 전 준비해야 할 것은 무엇일까?

 **케이지 편**

펫 숍 등에서 판매되고 있는 케이지는 크게 수조형, 철창형, 플라스틱형의 세 가지 타입으로 나뉩니다. 오른쪽 페이지에 각각의 케이지의 장단점을 정리해 놓았어요. 계절에 따라서, 또 햄스터의 종이나 실내 공간의 여유 등을 고려해서 케이지를 선택하세요.

수조형

철창형

플라스틱형

케이지도 종류가 다양하구나

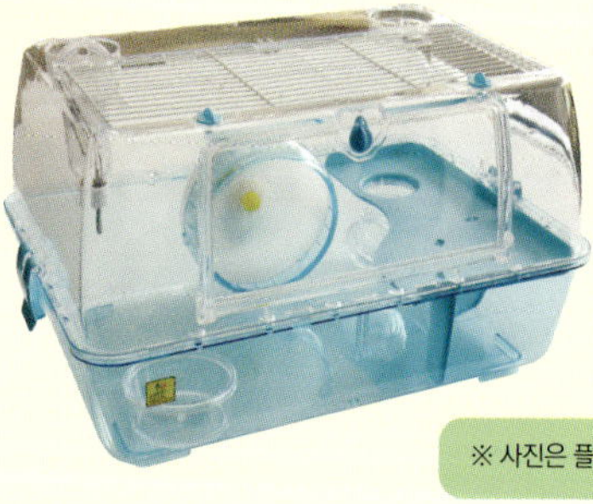

※ 사진은 플라스틱에 철창을 덧댄 타입

마트 등에서 판매하는 리빙 박스를 케이지로 사용하는 방법도 있어요. 햄스터가 탈출하는 걸 방지해야 하므로 상자 위에는 플라스틱판이나 철망 등을 덮어 두세요.

햄찌 팁!

리빙 박스는 방충제 같은 약품 성분이 남아 있거나 오염되어 있는 경우도 있으므로 세제 등을 이용해 깨끗이 씻어서 사용하세요. 가능하면 새 제품으로 준비하는 게 좋아요.

여기!!

	장점	단점
수조형	• 무겁고 높이가 높아서 햄스터의 탈출 위험이 적다. • 전면이 유리라서 어느 각도에서든 햄스터의 모습을 볼 수 있다.	• 무거워서 청소나 이동이 힘들다. • 통기성이 나쁘고 습기가 차기 쉽다.
철창형	• 통기성이 좋아서 습기에 약한 햄스터가 여름을 쾌적하게 보낼 수 있다. • 가벼워서 청소하기 쉽다.	• 겨울에는 춥다. • 올라타다가 떨어질 가능성이 있다. • 갉아서 이빨이 부러지거나 변형될 가능성이 있다. • 케이지 밖으로 베딩이 빠져나온다.
플라스틱형	• 쳇바퀴와 급수기 등이 세트로 갖춰진 제품이 많아서 햄스터를 처음 키우는 사람에게 적합하다. • 문이 크게 열려서 햄스터를 돌보기 쉽다.	• 비교적 크기가 작은 제품이 많아서 몸집이 큰 골든 햄스터에게는 스트레스를 줄 수 있다. • 햄스터가 철창을 갉아서 이빨이 부러지거나 변형될 가능성이 있다

베딩의 종류는 여러 가지! 특징을 알아보자!

제 2 장 햄스터를 키우기 전 준비해야 할 것은 무엇일까?

우드칩
삼나무와 소나무 등을 재료로 만든다. 나무 종류에 따라서는 알레르기를 일으킬 수도 있다.

페이퍼칩
흡수성이 뛰어나다. 하얀색이라 오줌이 묻은 부분을 쉽게 알 수 있다.

솜
'솜'은 섬유가 엉켜 있는 것이에요. 그래서 자칫 솜에서 삐져나온 섬유 가닥이 몸을 옭아매면 햄스터는 풀 수 없어요. 또 입에 들어가면 '장폐색'의 원인이 되거나 기도가 막혀 질식할 수도 있으니 절대 케이지에 넣지 마세요!

건초
햄스터가 먹어도 문제없지만 흡수성은 좋지 않다. 끝이 날카로워서 다칠 수도 있다.

우드펠릿
천연 목재가 원료인 바닥재. 흡수성과 탈취성이 뛰어나다.

펫리터
재생 펄프를 사용한 친환경적인 바닥재로 흡수력이 뛰어나다. 오줌 등의 불쾌한 냄새를 억제하는 효과도 좋다.

햄찌 팁!

우드펠릿과 펫리터는 흡수력과 탈취력이 뛰어나서 케이지 바닥을 가릴 정도의 양이면 OK! 화장실을 아직 가리지 못하거나 급수기 사용이 서툴러서 그릇에서 물을 먹는 햄스터에게는 최고랍니다!

check 2 베딩 편

야생 햄스터는 흙 속에서 생활합니다. 그래서 케이지 안에는 야생에서의 환경과 마찬가지로 몸을 완전히 숨길 수 있을 만큼 베딩을 수북이 깔아 주는 게 좋아요. 또 햄스터는 굴속으로 숨으려 하는 습성이 있기 때문에 베딩을 충분히 깔아 주면 스트레스 해소에도 좋습니다.

햄찌 팁!

베딩의 높이는 10cm 정도가 기본이에요. 하지만 골든 햄스터는 다른 햄스터에 비해 몸집이 크기 때문에 베딩을 더 많이 넣어야겠지요!

폭신해서 잠이 솔솔 오네~.

나 불렀어?

햄찌 팁!

햄스터는 아무데서나 소변과 배변을 보기 때문에 평상시에는 소변이나 물 등으로 젖은 부분만 매일 교체해 주고, 나머지는 월 1회 정도를 기준으로 하여 베딩 전체를 새것으로 교체해 주는 것이 좋아요.

check! 3 급수기 / 밥그릇 편

제 2 장
햄스터를 키우기 전 준비해야 할 것은 무엇일까?

급수기

가운데 볼이 회전하며 물이 조금씩 나와요

햄찌 팁!

급수기는 케이지에 달 수 있는 타입을 추천해요. 그릇에 물을 주면 햄스터가 물을 먹으려고 몸을 기울이다가 물속에 빠지거나 물이 흘러넘쳐 베딩에 곰팡이가 생기는 원인이 되기도 해요.

밥그릇

햄찌 팁!

밥그릇은 무게감이 있는 도자기를 추천해요. 그릇이 너무 크면 올라가기도 힘들고 속에 빠졌을 때 관절을 삐거나 골절을 당할 수도 있어요.

필요하다면…
케이지에 맞는 적절한 용품을 준비하자

은신처 / 화장실 & 화장실 모래

케이지에 베딩에 듬뿍 깔아 두면 햄스터는 바닥재에 굴을 파고 잠을 자거나 오줌을 눕니다. 하지만 케이지를 둘 공간이 부족해서 베딩을 충분히 넣을 수 없는 케이지를 사용한다면 은신처나 화장실 등을 따로 마련해 주어야 해요.

필요하다면 준비하자
- **은신처**
  목제 / 도자기
- **화장실**
  도자기 / 플라스틱 제품
- **화장실 모래**
  물이 닿으면 굳는 타입 / 굳지 않는 타입

은신처
골든용 / 드워프용

햄찌 팁!
펫 숍에 있는 햄스터는 태어난 지 한 달 반에서 두 달 정도 된 아가들이에요. 골든 햄스터는 몇 달만 지나면 몸집이 커지기 때문에 처음부터 큰 골든용 은신처를 고르세요.

화장실

햄찌 팁!
화장실 모래를 넣어 사용하세요. 모래는 굳지 않는 타입과 굳는 타입이 있어요. 굳는 타입은 오줌이 묻은 부분만 버리면 되지만 입속에 들어가면 배에서 굳어버릴 수도 있으니 주의해야 돼요.

삽이 함께 들어 있어요.

check! 2 쳇바퀴 / 목욕용 모래 / 발톱갈이

햄찌 팁!

같은 쳇바퀴라도 골든 햄스터용 큰 사이즈와 드워프 햄스터용 작은 사이즈가 있어요. 골든 햄스터가 드워프 햄스터용 쳇바퀴를 사용하면 몸이 꺾여 다칠 수도 있어요!!

쳇바퀴

여기에 끼일 수도 있으니 높이를 조절할 수 있는 제품으로 고르세요.

높이는 여기서 조절할 수 있어요

제 2 장 — 햄스터를 키우기 전 준비해야 할 것은 무엇일까?

목욕 모래

햄찌 팁!

흙으로 만든 그릇이라 안이 시원해요. 안에서 몸을 움직이면서 발톱도 갈 수 있어요.

발톱갈이·은신처

제 **3** 장

햄스터를 올바르게
돌보는 방법은 무엇일까?

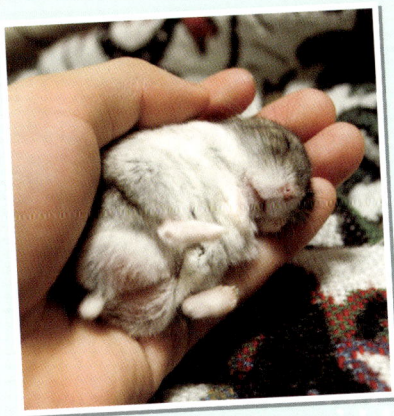

방법 9 — 두는 장소
케이지 둘 곳을 확인하자

에어컨 바람이 닿거나 직사광선이 내리쬐는 곳, 또 화장실처럼 습기가 많은 곳은 햄스터의 건강을 악화시킬 수 있어요. 케이지 안뿐만 아니라 케이지를 두는 장소도 신경 써서 골라 주세요.

제3장 햄스터를 올바르게 돌보는 방법은 무엇일까?

창문과 가까운 곳
창문과 가까운 곳은 직사광선의 영향으로 온도가 급상승하거나 해가 들지 않으면 갑자기 온도가 내려가기도 해요. 또 외풍이 있어서 햄스터에게 스트레스를 줘요.

에어컨 바람이 직접 닿는 곳
에어컨 바람이 케이지에 직접 닿는 곳은 온도의 변화가 커서 햄스터의 건강을 해쳐요. 항상 바람이 몸에 닿는 것도 스트레스의 원인이 된답니다.

햄스터를 기르기 적절한 기온과 습도는?
- **기온** 20℃~26℃
- **습도** 40%~60%

check 1 — 통풍이 잘되는 장소에 두자

햄스터는 원래 유럽의 건조 지대 등에서 생활하는 동물입니다. 그래서 습기가 너무 많은 장소는 햄스터가 살기에 적합하지 않아요. 습도가 높은 여름에는 통풍이 잘되고 습하지 않은 장소를 선택해 주세요.

습기가 차기 쉬운 장소
화장실이나 세면대 근처, 부엌 옆 등 집 안에서 특히 습기가 차기 쉬운 장소는 햄스터가 쾌적하게 생활할 수 없어요.

방 한가운데
햄스터는 숨는 습성이 있어서 주위가 훤히 보이는 방 한가운데에 케이지를 두면 불안함을 느낄 수 있어요. 벽 쪽이나 방의 구석을 추천합니다.

꽃이나 관엽 식물
관상용 꽃이나 관엽 식물 중에는 햄스터가 먹으면 중독을 일으키는 것도 있어요. 햄스터가 탈출해서 먹을 수도 있으니 케이지를 둔 방에는 꽃이나 관엽 식물을 두지 마세요.

바닥과 가까운 장소
바닥에 케이지를 두면 사람이 걸을 때 울리는 진동이 전해져 스트레스를 받을 뿐만 아니라, 에어컨을 틀면 차가운 공기가 아래로 내려가게 되어 영향을 받을 수 있어요.

문과 가까운 장소
사람이 자주 왔다 갔다 하거나 문을 여닫을 때 나는 진동으로 햄스터가 스트레스 받을 수 있어요. 되도록 문과 가까운 곳은 피해 주세요.

전자기기와 가까운 장소
전자제품은 시끄럽고 우리 눈에 보이지 않는 전자파가 나오기 때문에 몸집이 작은 햄스터에게는 해로워요.

위험
케이지에서 꺼낼 때는 조심하자

제3장

햄스터를 올바르게 돌보는 방법은 무엇일까?

햄스터가 충분히 활동할 수 있는 큰 케이지를 사용한다면 햄스터를 케이지 밖으로 꺼내 풀어 놓지 않아도 돼요.
방에는 위험 요소도 많기 때문에 주의해야 돼요.

 **높은 곳에서 꺼내다 떨어질 위험이 있다**

햄스터를 케이지 밖으로 꺼내야 할 때는 케이지를 아래로 내린 다음 햄스터를 나오게 하세요. 케이지를 높은 곳에 둔 채로 햄스터를 이동시키는 행동은 무척 위험해요. 햄스터가 발버둥 치다 떨어질 수도 있거든요. 그 경우 햄스터의 뼈가 부러지거나 심하면 죽을 수도 있어요.

 **큰 반려동물과 한 방에서 키우면 안 된다**

개나 고양이는 우리에겐 귀여운 반려동물이지만 햄스터에게는 공포의 대상일 수 있어요. 특히 고양이는 햄스터를 공격할 수 있는 데다 자연에서는 천적이기 때문에 냄새만으로도 햄스터에게 스트레스를 줄 수 있어요.
햄스터 케이지는 다른 방에 분리해 주세요.

56

check 3 특히 주의해야 할 점

골절

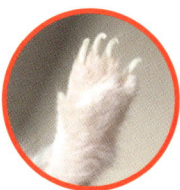

햄스터의 발톱이 길면 카펫이나 장판에 발톱이 걸려 뼈가 부러질 수 있어요.
또 햄스터가 카펫이나 매트 아래 숨으면 모르고 밟을 위험도 있어요.

감전

잠깐 한눈판 사이에 햄스터가 콘센트에 꽂혀 있는 전선을 갉아 감전되기도 해요. 그 경우 햄스터의 생명에 치명적일 수 있으므로 주의해야 해요. 만약 햄스터가 케이지 밖으로 나왔다면 방 안의 전기 코드를 전부 콘센트에서 빼 주세요.

중독

방 안에 간식거리가 있지 않나요? 특히 초콜릿은 중독을 일으킬 수 있으므로 햄스터를 풀어 놓은 방에 두면 안 돼요. 그 밖에도 주의해야 할 음식은 116~117쪽에서 자세히 소개할게요.

check! 4 부엌에는 위험 요소가 가득!

check! 5 만약 햄스터가 사라졌다면…

만약 햄스터가 케이지를 탈출해 사라졌다면 일단 침착하고 방의 창문과 문을 모두 닫으세요. 방 안을 무턱대고 돌아다니다 실수로 햄스터를 밟을 수도 있으니 주의해야 돼요.

꽁꽁 숨어서 나오지 않을 때는 먹이를 두면 나올지도 몰라요. 어디에 있을지 모르기 때문에 방 한가운데 두면 좋겠지요.

방에 풀어 둔 햄스터가 만약 부엌으로 도망쳤다면 빨리 찾아야 해요. 햄스터에게 부엌은 무척 위험한 곳이거든요. 구석진 곳을 좋아하는 햄스터는 냉장고나 가구 틈새로 숨어들기 쉬워요. 만약 이런 틈새에 해충제 같은 게 있다면 햄스터는 쉽게 걸려들 수 있어요. 또는 틈새에 떨어진 음식물을 먹었다가 병에 걸리거나 심할 경우 목숨을 잃을 수도 있어요.

check! 6 좋아하는 장소를 찾아보자

종종 햄스터를 케이지에서 꺼내 방에 풀어놔 줬었다면 햄스터가 특별히 좋아하는 장소가 있을지도 모릅니다. 햄스터에게는 같은 곳을 찾는 습성이 있거든요. 그러므로 평소에 햄스터가 어떤 곳을 특히 좋아하는지 잘 관찰해 두는 게 좋아요.

check! 7 탈출 방지 대책을 생각하자

케이지에 있는 물건들을 타고 탈출하는 경우도 있기 때문에 햄스터가 자라면 케이지를 더 높은 것으로 바꿔 주는 게 좋아요.

방법 11 — 처음 일주일

햄스터를 맞이하고 일주일 동안 주의할 점

햄스터는 경계심이 매우 강하고 예민한 동물이에요.
햄스터를 식구로 맞이하고 처음 일주일 동안은 새로운 환경에 적응할 때까지 가능한 한 가만히 지켜보는 게 좋아요.

제3장 햄스터를 올바르게 돌보는 방법은 무엇일까?

 **check! 1 궁금해도 쉿**

처음 집에 온 날

햄스터는 낯선 환경에 몹시 긴장할 거예요. 케이지에 수건 같은 것을 덮어 어둡게 해 주세요. 그리고 되도록 아무 소리도 내지 말고 조용히 지낼 수 있게 해 주세요.

 **check! 2 기본적인 것만 챙겨 주자**

2일~3일째

스스로 쳇바퀴를 타거나 케이지 안을 돌아다니기 전까지는 물과 먹이를 주거나 화장실 모래를 교체해 주는 것 등 최소한의 것만 챙겨 주세요.
햄스터가 새로운 환경에 적응할 때까지 되도록 가만히 내버려 두세요.

check! 3 — 안정을 찾았다면 먹이를 손으로 줘 보자

4일~6일째

케이지 안에 손을 살며시 집어넣었을 때 햄스터가 놀라거나 도망가지 않는다면 손으로 먹이를 줘 보세요. 경계하고 먹지 않는다면 억지로 주려고 하지 말고 먹이를 케이지 안에 두세요. 조금씩 집사의 냄새에 익숙하게 만드는 것이 중요해요.

check! 4 — 익숙해졌다면 조금씩 만져 보자

일주일~

손을 내밀어도 도망가지 않게 되었다면 집사의 냄새를 기억한다는 증거예요. 이번에는 손바닥에 먹이를 올려 두고 먹으러 올 때까지 기다려 보세요. 스스로 올라오기 전에 성급히 만져서는 안 돼요.
손바닥에 올라와 먹이를 먹는다면 털의 결을 따라 손끝으로 머리를 조금씩 쓰다듬어 보세요.

생활 리듬

방법 12

하루 생활 리듬과 돌봄 시간을 알아 두자

햄스터는 야행성 동물이에요. 사람이 깨어 있는 낮에는 보통 잠들어 있고, 저녁 무렵에 일어나 활동을 시작하지요. 그래서 먹이를 챙겨 주거나 청소 같은 돌봄 활동은 저녁에 하는 게 좋아요.

제3장 햄스터를 올바르게 돌보는 방법은 무엇일까?

 **낮에는 자연광, 밤에는 천을 덮자**

햄스터는 야행성이기 때문에 밤이 되면 방의 전등을 끄거나 케이지에 천을 덮어 어둡게 해 주세요. 온종일 방을 밝게 해 두면 햄스터의 생체 리듬이 깨지고 말아요. 불안정한 상태가 계속되면 질병에 걸리기 쉬워요.

6:00 ~	12:00 ~
아침 자는 시간 ▶	**낮** 가끔 식사 ▶

밤사이 활동이 끝나고 아침 해가 뜰 무렵 잠이 든다.

낮에는 대부분 잠을 자지만 가끔 일어나 먹이를 먹거나 물을 마시기도 한다.

check! 2 돌보거나 놀아 주는 활동은 저녁부터

햄스터는 야행성 동물이기 때문에 대개 저녁 6시 전후에 일어나서 활동을 시작해요. 아직 자고 있는데 먹이를 주거나 물을 갈아 주면 햄스터가 스트레스를 받을 수 있어요. 그러므로 햄스터가 충분히 자고 일어났을 때 돌보거나 놀아 주세요.

저녁 무렵에 일어나 활동을 시작한다.

모두가 저녁 식사를 할 무렵 햄스터도 밥을 먹는다.

모두가 잠들어 있지만 햄스터는 가장 활발한 시간으로 먹이를 찾기 위해 본능적으로 쳇바퀴를 몇 시간 동안 달린다.

기본 돌봄

햄스터에게 필요한 돌봄 활동을 알아 두자

제3장 햄스터를 올바르게 돌보는 방법은 무엇일까?

햄스터가 건강하게 지내려면 매일 보살펴 주는 게 중요해요. 날마다 해 주어야 하는 돌봄 활동 외에도 '한 달에 한 번 정도' 또는 '계절별'로 필요한 돌봄 활동이 있답니다.

매일 필요한 돌봄

전날 급여한 먹이가 어느 정도 남았는지 확인하고 오래된 먹이는 버리세요. 물은 매일 갈아 주어야 해요. 베딩은 전체를 날마다 갈 필요는 없지만 더럽거나 부족해 보이면 교체해 주거나 채워 주세요. 자세한 내용은 70~71쪽에 있습니다.

한 달에 한 번 필요한 돌봄

매일 간단한 청소를 해 준다고 해도 케이지는 더러워지기 마련입니다. 햄스터가 병에 걸리지 않도록 한 달에 한 번은 케이지를 통째로 깨끗이 씻어 주세요.
자세한 내용은 72~73쪽에 있습니다.

계절에 맞는 온도·습도 관리를 하자

햄스터는 원래 건조 지대에서 사는 동물이에요. 그런데 우리나라처럼 사계절이 있는 국가는 일 년 내내 온도나 습도가 일정하게 유지되지 않기 때문에 햄스터에게 최대한 스트레스를 주지 않도록 계절에 맞는 온도와 습도 관리를 해 주어야 해요. 자세한 내용은 92~97쪽에 있습니다.

check 1 | 일 년에 한 번은 건강 검진을 받자

햄스터의 수명은 인간에 비하면 매우 짧아요. 병에 걸리거나 다치지 않게 하는 것이 햄스터가 오래 살 수 있는 비결이지요. 일 년에 한 번은 건강 검진을 받고 적절한 상담을 받는 게 좋아요.

방법 14

식사의 기본
건강 유지는 균형 잡힌 식사가 핵심

햄스터를 건강하게 키우기 위해선 식사 관리가 중요해요.

햄스터에게 먹이를 줄 땐 단단한 채소나 펠릿,

동물성 단백질 등을 균형 있게 급여하는 것이 좋아요.

제3장 햄스터를 올바르게 돌보는 방법은 무엇일까?

check! 1 영양의 균형이 중요

햄스터는 원래 잡식성 동물이에요. 야생 햄스터는 들풀이나 곤충, 씨앗 등을 먹으며 살아가지요. 집에서 기르는 햄스터는 집사가 준 먹이만을 먹어야 하므로 영양의 균형이 중요해요.

채소를 중심으로 급여하는 것이 가장 좋지만 매일 준비하기가 부담스럽다면 곡물을 분말화해서 굳힌 펠릿을 급여하면 좋습니다. 종종 밀웜(갈색거저리의 애벌레)이나 마른 멸치 같은 동물성 단백질, 삶은 달걀, 무당 요거트 등을 조금씩 급여하는 것도 괜찮아요.

균형 잡힌 식사 + 단백질

삶은 달걀은 칼이나 도마에 남아 있는 부스러기 정도의 양이면 충분해요!

check! 2 먹이 급여는 햄스터가 일어난 저녁 이후에

햄스터는 저녁 6시 전후에 일어나 활동을 시작해요. 햄스터가 일어나면 전날 먹다 남은 먹이는 버리고 새 먹이를 주세요. 아직 자고 있는데 먹이를 주면 스트레스를 받아 먹지 않는 경우도 있어요.

잘 잤다~! 배고파~

check! 3 펠릿 고르는 법

주식으로 먹일 수 있는 펠릿에는 여러 가지 종류가 있습니다. 크게 하드 타입(단단한 타입)과 소프트 타입(부드러운 타입)으로 나눌 수 있는데, 햄스터가 아직 어리고 건강하다면 하드 타입을 급여하세요. 단단한 음식을 먹이면 계속 자라는 이빨을 가는 효과가 있어요.

포장지 뒷면에 원재료가 적혀 있으니 부모님께 봐 달라고 부탁하세요. 한 번 개봉하면 서서히 변질되기 때문에 되도록 양이 적은 제품을 고르세요. 인공 착색료가 들어가거나 유통 기한이 임박한 제품은 고르지 않도록 주의하세요. 크기도 골든 햄스터용과 드워프 햄스터용이 있으니 키우는 종에 맞춰 급여하세요.

햄찌 팁!

햄스터에게 필요한 영양소의 기준은 단백질 18~24%, 지방 3~5%, 섬유 5% 이상입니다. 엄마, 아빠의 도움을 받아 영양 성분을 확인한 다음 선택해 주세요.

햄스터에게 줘도 되는 음식

| 고구마 | 당근 | 땅콩 | 해바라기씨 | 양배추 | 브로콜리 |

햄찌 팁!

계속 자라나는 앞니를 깎아내기 위해서는 딱딱한 음식을 주는 게 좋으므로 야채는 생으로 주는 게 좋아요. (단 늙은 햄스터에겐 좋지 않아요.) 당이 많은 과일이나 해바라기씨, 땅콩 등을 너무 자주 급여하면 햄스터가 비만이 될 수 있어요. 1일 1회 정도, 딱딱하고 생으로 된 야채를 소량(사람 새끼손가락 정도의 크기)만 급여해도 좋습니다.

방법 15

식사의 기본
식사의 적정량과 기호성에 주의하자

하루에 급여하는 식사량을 알아 두세요.

먹는 모습이 사랑스럽다고 지방 함량이 많은 동물성 음식을 너무 많이 주면 햄스터의 건강을 해칠 수 있어요.

제3장 햄스터를 올바르게 돌보는 방법은 무엇일까?

 check! 1 하루 적정량을 기억하자

펠릿을 중심으로 급여하는 경우라도 원하는 만큼 다 주면 비만이 되고 말아요. 하루에 급여해야 할 적정량은 골든 햄스터 10~15g, 중가리아나 로보로브스키 같은 드워프 햄스터 3~4g입니다. 이는 체중의 약 5~10%에 달하는 무게예요.

check! 2 채소는 반드시 '생'으로만 급여하자

햄스터의 아래위 4개의 앞니는 평생 자라기 때문에 딱딱한 음식을 먹어 이빨이 조금 닳아도 괜찮아요. 부드러운 먹이만 계속 급여하면 앞니가 너무 길어져서 부러지거나 엉뚱한 방향으로 휠 수 있으므로 채소는 되도록이면 생으로 급여하세요.

> **햄찌 팁!**
> 채소를 중심으로 급여하면 햄스터가 물을 잘 먹지 않을 수도 있어요. 하지만 채소에 수분이 많이 함유되어 있으니 걱정하지 않아도 돼요.

check 3 : 씨앗류를 너무 많이 주면 뚱뚱해진다

햄스터가 해바라기씨나 호박씨를 까먹는 모습은 무척 귀여워요. 하지만 씨앗류에는 다량의 기름이 함유되어 있어요. 게다가 혼합 사료 속에는 대부분 씨앗류가 들어 있기 때문에 씨앗류를 따로 챙겨 주지 않아도 괜찮아요. 어떤 햄스터는 고지방 먹이만 골라 먹으며 편식을 하기도 하는데 그러다 보면 비만을 비롯해 여러 가지 질병에 걸릴 수 있어요.

체력을 보충해야 할 계절이나 임신 중이 아니라면 씨앗류를 따로 챙겨 주지 않아도 돼요. 그리고 정기적으로 몸무게를 재서 기록해 두세요. 햄스터를 높이가 있는 컵에 넣고 저울에 올려놓으면 체중을 재기 쉬워요.

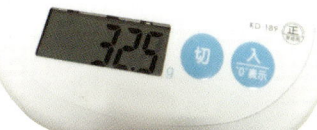

햄찌 팁!
집사는 햄스터를 매일 보기 때문에 몸무게의 변화를 알아차리기 어려워요. 사진을 찍어 두면 변화를 바로 알 수 있답니다!

check 4 : 먹다 남긴 양을 확인하자

밥그릇이 비어 있어서 다 먹은 줄 알았는데 사실은 그렇지 않은 경우도 있어요. 햄스터는 본능적으로 보금자리에 먹이를 숨기는 습성이 있거든요. 새 먹이를 줄 때는 은신처 등에 먹이를 숨겨 놓지 않았는지 확인해 보세요.

방법 16 · 청소

하루 10분! 간단한 청소는 매일 하자

제3장 햄스터를 올바르게 돌보는 방법은 무엇일까?

매일 청소하는 게 힘들다고 생각하진 않나요? 하지만 화장실 모래를 갈아 주고, 남긴 먹이와 급수량을 체크하는 것 등은 어린이도 쉽게 할 수 있어요. 습관을 들이면 하나도 힘들지 않답니다.

 **화장실 모래를 갈자**

나도 쉽게 할 수 있어요!

화장실 모래는 매일 갈아 주세요. 신문지나 전단지를 펼쳐 그 위에 버리면 청소하기 편해요. 용기가 더러워졌다면 물로 깨끗이 씻어 주세요. 보금자리가 깨끗하면 햄스터도 좋아할 거예요.

이게 햄스터의 응가예요. 베딩 안에 숨어 있을지도 몰라요!

check! 2 먹다 남긴 채소와 과일은 버리자

사과 발견!

케이지 안의 은신처와 베딩 속은 매일 확인해 주세요. 전날 준 채소와 과일이 남아 있다면 반드시 버려야 합니다. 물이나 소변 등으로 베딩이 젖어 있다면 젖은 부분은 버리고 새로 채워 주세요.

얼마든지 가져갈 수 있지

햄찌 팁!

햄스터는 야생에서의 습성 때문에 먹을 것을 발견하면 본능적으로 먹이를 저장해 두려는 습성이 있어요. 배가 불러도 볼주머니에 먹이를 잔뜩 집어넣고 은신처나 베딩 속에 숨기지요. 그대로 두면 햄스터가 오래되어 상한 음식을 먹고 배탈이 날 수도 있으니 매일 확인해야 돼요.

check! 3  물은 매일 갈아 주자

적은 양이지만 햄스터는 매일 물을 마십니다. 급수기의 물이 별로 줄어들지 않았다고 해서 그대로 둬선 안 돼요.
특히 여름철에는 기온이 높아서 물이 상하기 쉬워요. 매일매일 깨끗한 물로 갈아 주세요.

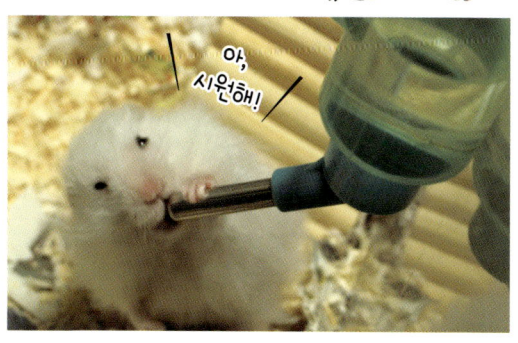

아, 시원해!

청소

한 달에 한 번은 대청소를 하자

케이지와 그 안에 든 햄스터 용품들은 겉으로는 깨끗해 보여도 더럽거나 오염되어 있는 경우가 많아요.

한 달에 한 번 정도는 물건을 모두 꺼내서 깨끗이 씻어 주세요.

제3장 햄스터를 올바르게 돌보는 방법은 무엇일까?

check! 1 케이지 안 물건은 모두 꺼내자

햄스터를 이동장 등에 옮기고 케이지 안에 들어 있는 물건을 모두 꺼내세요. 이때 이동장에 사용한 베딩을 넣어 주면 햄스터가 자신의 냄새를 맡고 안심할 수 있어요.

check! 2 케이지뿐 아니라 밥그릇과 급수기도 씻자

케이지와 그 안에 있는 용품들은 물론 케이지에 달린 뚜껑과 부품 등 분해할 수 있는 부분은 전부 분리해서 꺼내세요. 그런 다음 스펀지에 세제를 묻혀 깨끗이 씻어 주세요.
급수기의 물병 속도 잊지 말고 씻어 주세요.

check! 3 오물이 묻은 부분은 표백하자

오물이 말라붙어 떨어지지 않을 때는 따뜻한 물이나 묽게 희석한 표백제에 불리면 쉽게 제거할 수 있어요. 표백제를 사용할 때는 반드시 장갑을 껴야 해요. 사용하고 난 뒤에는 물로 깨끗이 헹구세요.

표백제를 사용하는 건 매우 위험하니 반드시 부모님의 도움을 받으세요.

check! 4 열탕 소독과 햇볕 건조

다 씻어냈다면 유리 재질의 수조와 도자기 재질의 식기는 열탕 소독(끓는 물에 넣고 소독하는 것)하세요. 그런 다음 마른 수건으로 물기를 닦아 햇볕에 말리세요. 나무 재질의 용품도 햇볕에 물기를 바짝 말리세요.

check! 5 말린 뒤엔 원래 환경으로 돌려놓자

깨끗이 씻어 물기를 바짝 말렸다면 케이지 안의 환경을 원래대로 돌려놓으세요. 새 베딩을 충분히 채우고 이동장에 옮겨 놓은 베딩도 함께 섞어 주세요. 자신의 냄새가 완전히 사라지면 햄스터가 낯설어서 스트레스를 받을 수도 있어요.

햄스터에 대해서 좀 더 알려 주세요! ①

Q1. 햄스터는 어떨 때 화를 내나요?

A 평소에는 온순한 햄스터도 발버둥 치며 화를 표출할 때가 있어요. 예를 들어 자고 있을 때나 먹이를 먹고 있을 때 만지면 화를 낼 수 있어요. 또 위에서 갑자기 잡는 것도 적이 공격한다고 생각해서 발버둥 치며 저항할 거예요.
'찌이익 찌이익', '끼익 끼익' 같은 소리를 내며 울 때는 화가 났다는 뜻이니 함부로 만지지 않는 게 좋아요.

Q2. 햄스터용 장난감이 필요한가요?

A 햄스터에게 장난감은 기본적으로 필요하지 않습니다. 사람들처럼 햄스터가 장난감을 가지고 놀면 즐거워할 거라고 생각할 수 있지만 오히려 장난감에 다치거나 스트레스 받을 수 있어요. 되도록 야생과 가까운 상태에서 길러 주세요.

눈이 핑핑 돈다~

제4장

햄스터와 친해지려면 어떻게 해야 할까?

방법 18 · 만지기

햄스터는 예민한 동물 만질 때 주의해야 할 점

햄스터를 난폭하게 잡으면 안 돼요. 그리고 위나 뒤에서 갑자기 손을 뻗는 행동도 햄스터가 무서워할 수 있기 때문에 피해야 돼요. 바르게 만지는 법을 알아 두세요.

제4장 햄스터와 친해지려면 어떻게 해야 할까?

check! 1 손톱은 짧고 청결하게

손톱이 길면 햄스터의 몸을 만지는 동안 코나 눈 같은 부드러운 부위에 상처를 낼 수 있으니 주의하세요.

손톱을 깎자 / 위험해

햄찌 팁!
손톱 뒷면에 세균이 들어갈 수 있으니 너무 짧게 깎지 않도록 조심하세요!

손톱이 길면 깎고 난 다음 햄스터를 만지세요.

check! 2 심기가 불편할 때도 있다

햄스터의 심기가 불편할 때 만지면 물거나 손에서 뛰어내리기도 하니까 주의하세요. 손을 내밀었을 때 도망치거나 싫어하는 것 같으면 억지로 만지지 마세요.

억지로 만지지 말자

check! 3 이렇게 만지지 말자

햄스터는 원래 야생에서 사는 동물입니다. 그래서 주위의 움직임에 매우 민감하지요. 위나 뒤에서 갑자기 손을 내밀면 본능적으로 천적(새 등)으로 착각해서 심하게 경계하고 무서워할 거예요.

햄찌 팁!

햄스터와 어느 정도 친해졌다 해도 갑자기 손을 내밀거나 놀라게 하면 물기도 하니까 조심하세요! 또 햄스터에게 물리면 손발이 저리고 열이 나는 등 '아나필락시스 쇼크'라는 증상을 일으킬 수도 있어요.
자세한 내용은 115쪽을 읽어 주세요.

갑자기 위에서 손을 내민다.

몸을 꽉 잡는다.

잡는 법

처음부터 바르게 잡는 법을 배우자

햄스터는 몸집이 무척 작기 때문에 거칠게 다루면 스트레스가 될뿐만 아니라 상처를 입을 수도 있어요. 올바른 핸들링 방법을 배워 두는 게 좋아요.

제4장 햄스터와 친해지려면 어떻게 해야 할까?

이름을 부른 다음 천천히 손을 내밀자

햄스터는 집사의 냄새뿐만 아니라 목소리의 특징도 기억합니다. 이름을 부르며 천천히 손을 내미는 행동을 반복하면 점점 익숙해져서 손 위에 올라오게 돼요.

양손으로 부드럽게

햄스터를 한 손으로 꽉 잡아서 들면 햄스터가 엄청난 스트레스를 받습니다. 햄스터를 들 땐 양손으로 부드럽게 감싸 살포시 들어 올리세요.

만지면 안 되는 부위
만져도 괜찮은 부위

귀
귀나 코 등은 매우 민감한 부위예요. 귀를 잡아당기는 것을 무척 싫어하며 만지다 상처가 날 수도 있으니 주의해야 해요.

등
성격에 따라 차이가 있지만 손끝으로 살며시 쓰다듬는 걸 좋아해요.

배
배도 굉장히 예민한 부위예요. 손으로 잡을 때 꽉 누르지 않도록 주의하세요.

꼬리
꼬리도 귀와 마찬가지로 민감한 부위기 때문에 잡아당기거나 거칠게 만져선 안 돼요.

check! 3 핸들링은 낮은 위치에서

핸들링을 하다 보면 손에서 갑자기 뛰어내리거나 탈출을 시도하는 햄스터도 있어요. 햄스터의 뼈는 무척 약하기 때문에 높은 곳에서 떨어지면 뼈가 부러질 수도 있어요. 비교적 햄스터가 뛰어내려도 괜찮은 무릎 위 등 낮은 위치에서 핸들링하세요.

친해지면 손바닥에도 앉아 있어요!

방법 20 · 잡는 법

잘 잡히지 않을 때는 햄스터의 습성을 이용하자

햄스터를 이동장에 옮기고 케이지 대청소를 해야 하는데 요리조리 도망 다니며 잘 잡히지 않으면 무척 난감하죠.

그럴 땐 햄스터의 습성을 이용해 보세요.

제4장 ······ 햄스터와 친해지려면 어떻게 해야 할까?

 **좁은 곳에 파고드는 습성을 이용하자**

앞에서 배운 것처럼 햄스터는 야생에서 땅굴을 파고 지내던 본능이 남아 있기 때문에 은신처나 밥그릇 뒤처럼 좁은 곳에 파고드는 습성이 있어요.
이런 습성을 이용해 휴지심 등에 들어갈 때까지 기다리거나 컵으로 유인해서 옮길 수 있어요.

햄스터는 좁은 통로를 좋아해요!

휴지심 등을 이용해서 양 끝을 손으로 막는 방법도 있어요!

까꿍—♪

자꾸 도망가서 잡을 수가 없네.

컵으로 유인한다

한 손으로 컵을 잡고 다른 한 손으로는 햄스터를 컵 쪽으로 몰아 보세요. 이때 너무 과격하게 몰면 햄스터가 도망가 버리거나 스트레스를 받을 수 있으므로 최대한 햄스터가 놀라지 않도록 부드럽고 천천히 유인하는 것이 중요해요.

놀라지 않도록 부드럽고 천천히

조심조심!

컵을 천천히 들어 올린다

햄스터가 컵 안에 들어가면 컵을 조심조심 바로 세우고 다른 한 손으론 햄스터가 도망치지 못하게 컵의 입구를 막고 천천히 들어 올리세요.

컵을 손으로 막는다

햄스터가 뛰쳐나오지 않도록 컵을 한 손으로 막고 이동시킬 장소까지 운반하세요. 이때도 컵이 흔들리지 않도록 조심조심 이동해야 돼요. 그 다음 햄스터를 이동시킬 곳에 컵을 넣은 뒤, 컵이 바닥에 닿은 상태에서 천천히 기울이고 햄스터가 스스로 나올 때까지 기다려요.

핸들링

매일 핸들링을 통해 몸의 변화를 알자

햄스터를 매일 잘 보살피면 몸의 변화를 알아차리기 쉬워요. 혼자서 살펴보기 어려운 부위는 부모님께 부탁하거나 걱정될 때는 주치의 선생님과 상담해 보세요.

제4장 햄스터와 친해지려면 어떻게 해야 할까?

장모 햄스터는 부드럽게 빗겨 주자

햄스터는 몸이 더러워지면 스스로 모래 목욕을 해서 청결을 유지해요. 털이 긴 장모 햄스터는 베딩에서 나온 먼지가 털에 엉키는 경우도 자주 있기 때문에 부드러운 칫솔로 빗어서 엉킨 털을 풀어 주어야 해요. 머리부터 엉덩이를 따라 털이 자란 방향으로 살살 빗질해 주세요.

햄찌 팁!

빗질을 할 때는 칫솔이 배에 닿지 않도록 주의하세요. 털이 심하게 엉킨 부위는 어른에게 가위로 잘라 달라고 부탁하세요.

check! 2 발톱이 길면 걸려서 다칠 수 있다

햄스터도 사람처럼 발톱이 자랍니다. 방 안을 산책할 때 바닥 깔개에 발톱이 걸려 발톱이 빠지거나 뼈가 부러지는 일도 있어요. 햄스터의 발톱이 너무 길다면 동물용 발톱깎이로 조심조심 잘라 주세요.

check! 3 이빨과 볼주머니도 확인하자

'요즘에 식욕이 좀 떨어진 것 같은데', '볼주머니가 한쪽만 부풀어 오른 것 같아' 등 햄스터의 신체 이상을 느꼈다면 바로 병원에 데려가 검진을 받아 보세요. 케이지를 갈아서 이빨이 부러졌거나 볼주머니에 고름이 찼을 수도 있어요. 방치했다간 병이 더 커질 수 있으므로 빨리 진찰을 받는 것이 중요해요.

check! 4 심하게 더러운 부위는 부드럽게 닦자

심하게 더러운 부위는 수건을 물에 적셔 꽉 찐 다음 부드럽게 닦아 주세요. 햄스터를 만졌을 때 손에 응가를 하는 경우도 있는데 이때 더럽다고 너무 호들갑을 떨면 햄스터가 바닥에 떨어질 수 있으므로 주의해야 돼요.

건강 체크

매일 교감을 나누며 건강도 체크하자

햄스터를 건강하고 오래오래 키우려면

병에 걸리지 않고 다치지 않게 하는 것이 중요해요.

햄스터와 교감을 나누며 날마다 건강을 체크해 보세요.

제4장 ······ 햄스터와 친해지려면 어떻게 해야 할까?

check! 1 교감을 나누며 건강을 체크하자

햄스터 같은 작은 동물은 병에 걸리거나 다쳐도 치료할 수 없는 경우가 많습니다. 사소한 질병과 부상만으로도 목숨을 잃을 수 있기 때문에 날마다 건강에 이상이 없는지 건강 상태를 세세하게 체크해야 돼요.

오늘은 기분 아주 좋아♪

check! 2 이동장 등에 넣어 확인하는 방법도 있다

햄스터를 만지는 데 익숙하지 않거나 만졌을 때 햄스터가 발버둥쳐서 살펴보기 힘들다면 투명 이동장이나 입구 부분을 자른 페트병에 넣어 밑에서 관찰하면 돼요.

페트병의 경우

햄스터가 밖으로 떨어지지 않도록 손으로 잘 막으세요.

배가 잘 보여요.

확인했다면 기록으로 남기자

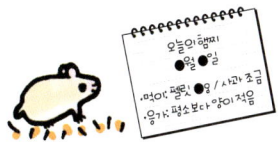

건강 체크를 한 뒤에는 되도록 기록으로 남기세요. 오늘 먹은 먹이의 종류나 양, 식욕의 유무, 대소변의 상태, 눈과 이빨의 상태 등 매일매일 관찰한 것을 기록해 두면 병원에 데려갔을 때 건강 이상의 원인을 알기 쉬워요.

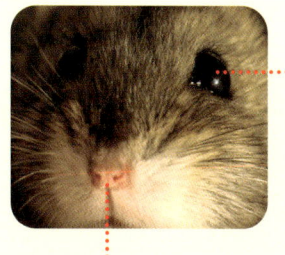

눈곱이 끼거나 눈동자가 탁하진 않나요? 눈을 너무 많이 문지르면 염증이 생긴 것일 수도 있어요.

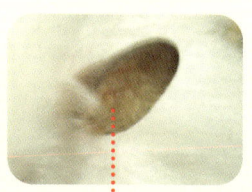

귀가 더럽진 않나요? 귓속에서 진물이 나거나 귀가 계속 축 처져 있다면 병에 걸렸을지도 몰라요.

콧물이 나오진 않나요? 또는 코막힘 증세가 있진 않나요? 숨 쉴 때 이상한 소리가 나면 폐렴일지도 몰라요.

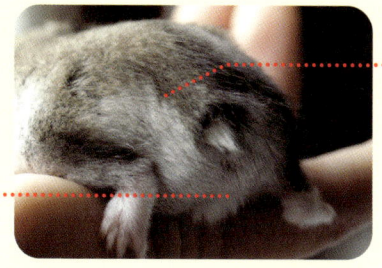

엉덩이나 꼬리 주변이 젖어 있진 않나요? 젖어 있다면 설사를 하고 있는지도 몰라요.

털이 빠지거나 윤기가 없진 않나요? 그루밍(동물이 몸을 깨끗이 하기 위해 몸을 핥거나 털을 다듬는 행동)을 하지 않으면 털이 푸석해져요.

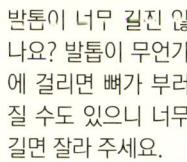
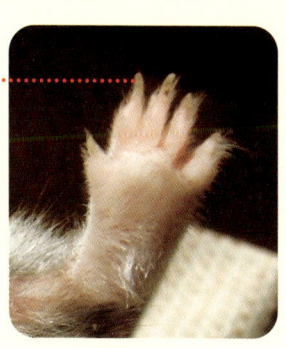
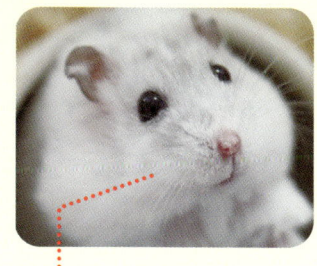

발톱이 너무 길진 않나요? 발톱이 무언가에 걸리면 뼈가 부러질 수도 있으니 너무 길면 잘라 주세요.

볼주머니가 계속 부풀어 있진 않나요? 한쪽으로만 먹이를 씹어 먹으면 염증이 생길 수도 있어요.

릴랙스

방법 23

집사와 친해지면 편안함을 느낀다

햄스터와 친해지고 싶다면 서두르지 말고 천천히 교감을 나눠 보세요. 집사를 안전한 대상으로 판단하면 편안한 표정과 행동을 보여 준답니다.

제4장 · 햄스터와 친해지려면 어떻게 해야 할까?

check! 1 손바닥 위에서 간식을 먹기도 한다

햄스터가 손바닥 위에서 간식을 먹는다면 집사를 신뢰하고 있다는 증거예요. 특히 발라당 누워 배를 보인 채로 먹고 있다면 '지금 이 순간이 안전하다.'고 확신하고 있는 거예요. 다 먹을 때까지 그대로 지켜봐 주세요.

햄찌 팁!

햄스터는 종과 성격에 따라 친해지는 시기도 모두 달라요. 몇 주 만에 친해지는 아이가 있는가 하면 몇 달이 지나도 친해질 수 없는 아이도 있지요. 조급해하지 말고 천천히 교감을 나눠 보세요.

서두르지 마세요!

check 2 쓰다듬으면 스르륵 잠이 들기도…

햄스터와 어느 정도 친해졌다면 손바닥에 올려놓고 교감을 시도해 보세요. 그런 뒤 햄스터가 좋아하는 부위를 가볍게 쓰다듬어 주세요. 점점 편안함을 느끼며 잠들기도 할 거예요.

편안해서 잠들었나 봐!

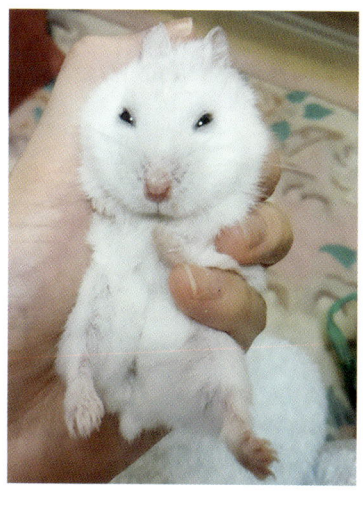

check 3 옷에 구멍을 낼 수 있으니 주의

햄스터 중에는 자기를 예뻐해 주는 사람이 손을 내밀면 기다렸다는 듯 올라타는 아이도 있습니다. 집사의 옷소매 등에 파고들기도 하는데 본능적으로 깨물어서 옷에 구멍이 나는 일도 있어요. 햄스터와 함께 놀 때는 구멍이 나거나 더러워져도 상관없는 옷을 입으세요.

방법 24 촬영하기
우리 집 햄스터의 귀여운 표정을 찍어 보자

제4장 햄스터와 친해지려면 어떻게 해야 할까?

매일 깜찍한 표정과 행동을 보여 주는 햄스터.

방법만 알면 스마트폰으로도 훌륭한 사진을 찍을 수 있어요.

촬영 전에는 플래시가 꺼져 있는지 반드시 확인하세요.

check! 1 손으로 단단히 잡거나 고정한다

여기 좀 봐!

햄스터 촬영은 대부분 집 안에서 이루어지기 때문에 밖에서 찍을 때보다 빛이 부족할 수 있어요. 전등이 꺼져 있다면 전등을 켜서 주변을 밝게 해 주세요. 그런 뒤 스마트폰의 '손 떨림 방지 기능'을 켜고 양손으로 스마트폰을 단단히 잡으세요. 스마트폰용 삼각대로 스마트폰을 고정하는 것도 방법이에요.

햄찌 팁!

집에서 키우는 햄스터라면 이름이 있을 거예요. 평소에 이름을 자주 불러 주면 햄스터는 그것이 자신의 이름이라는 것을 인식해요. 촬영 버튼을 누를 때 이름을 부르면 깜찍한 표정을 찍을 수 있을지도 몰라요. 다만 너무 자주 촬영하면 스트레스를 줄 수 있어요.

평소에 이름을 자주 불러 주세요!

햄스터의 시선까지 몸을 낮추자

햄스터는 손 위에 올라올 정도로 작은 동물이에요. 그렇기 때문에 사람의 눈높이에서 촬영하면 햄스터의 귀여운 표정을 담을 수 없어요. 햄스터의 시선까지 몸을 낮추거나 케이지를 테이블 위 등에 올려놓고 햄스터와의 거리를 좁혀 보세요.

간식으로 시선을 끌자

자꾸만 움직이는 햄스터를 카메라 렌즈에 집중시키고 싶다면 '간식 전략'을 이용해 보세요. 매일 맛볼 수 없는 씨앗류나 좋아하는 간식을 렌즈 앞에 보이면 기뻐하며 쳐다볼 거예요. 혼자서는 어려울 수 있으니 가족의 도움을 받으세요. 한 사람이 간식으로 햄스터의 시선을 끄는 동안 남은 사람이 촬영을 하면 돼요.

연사 모드를 이용하자

'지금이야!' 하고 촬영 버튼을 눌러도 타이밍이 빗나가는 경우가 많을 거예요. 이럴 때 스마트폰에 '연사 모드(연속 촬영 모드)'를 켜 두면 한 번에 많은 사진을 찍을 수 있어요. 운이 좋으면 귀여운 표정을 정확히 포착한 사진을 찍을 수도 있답니다.

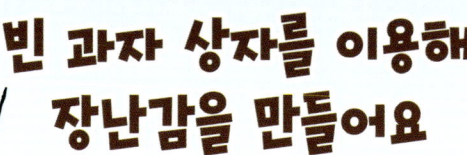

빈 과자 상자를 이용해 장난감을 만들어요

햄스터는 어둡고 좁은 구멍을 무척 좋아해요. 빈 과자 상자를 이용해 햄스터에게 장난감을 만들어 줘 보세요.

가위나 칼로 상자에 구멍을 내 주기만 하면 완성!

햄스터가 상자에 몸을 숨기고 구멍으로 얼굴을 내밀 거예요. 상자에 오줌을 누거나 습해지면 바로 버려 주세요.

※ 가위나 칼을 사용할 땐 다치지 않게 조심하세요!

제5장

계절별 돌봄 방법과
외출 시 주의할 점을 알아볼까?

방법 25 돌봄(봄·가을)

봄·가을은 돌보기 가장 쉬운 계절

햄스터를 처음 키워 보는 거라면

봄과 가을에 데려오는 것을 추천해요.

단, 밤낮의 기온 차가 있으니 주의하세요.

제5장 계절별 돌봄 방법과 외출 시 주의할 점을 알아볼까?

check 1 햄스터를 처음 키운다면 이때 데려오자

봄·가을은 사람과 마찬가지로 햄스터도 지내기 좋은 계절이에요. 햄스터 육아가 처음이라면 봄·가을에 데려오는 것을 추천합니다. 건강 유지가 쉬운 계절에 적응하게 한 다음 여름과 겨울을 맞게 해 주세요.

check 2 낮과 밤의 기온 차에 주의하자

낮과 밤의 기온 차가 심한 계절에는 햄스터가 활동을 시작하는 밤에 갑자기 추워질 수 있어요. 밤에는 케이지에 천을 덮어 따뜻하게 해 주세요.

낮 — 따뜻해

밤 — 천을 덮어 두자 — 추, 추워…

햄찌 팁!

천을 덮을 땐 케이지의 뚜껑 위에 덮으세요. 뚜껑을 덮지 않은 채 케이지 위에 덮으면 햄스터가 천을 끌어당겨 그것을 발판 삼아 탈출할 수도 있어요. 철창형 케이지의 경우, 철창 사이로 천을 잡아당겨 씹어 먹을 수도 있으니 주의하세요!

check! 3   털갈이 계절에는 가볍게 빗질하자

봄, 가을은 털갈이(동물이나 새의 묵은 털이 빠지고 새 털이 나는 것)의 계절이에요. 털이 긴 장모 햄스터는 빠진 털이 뒤엉킬 수 있으니 칫솔 등을 이용해 가볍게 빗질해 주세요.
개체에 따라서 털갈이를 하며 털색이 바뀌는 경우도 있어요.

check! 4   봄에는 채소 대신 들풀을

야생 햄스터는 자연에서 작은 곤충이나 씨앗, 들풀 등을 주로 먹으며 살아갑니다. 봄에는 민들레 같은 들풀이 많이 자라니까 채소 대신 들풀을 줘도 좋아요. 단, 차가 많이 다니는 곳에서 자란 들풀은 오염되었을 수 있으므로 주지 마세요.

check! 5   햄스터 새끼를 보고 싶다면 봄, 가을에

햄스터는 1년 중 아무 때나 번식할 수 있습니다. 하지만 여름이나 겨울은 햄스터의 체력이 약해지는 계절이라서 출산하기에 적합하지 않아요. 햄스터의 새끼를 보고 싶다면 봄, 가을에 짝짓기를 시켜 주세요. 단, 햄스터는 한 배에 약 6~8마리의 새끼를 낳고 많으면 10마리 이상 낳기도 하므로 부모님과 잘 상의하세요.

돌봄(여름)
여름에는 습기와 더위 대책을 세우자

제5장 계절별 돌봄 방법과 외출 시 주의할 점을 알아볼까?

햄스터는 덥고 습한 여름을 무척 힘들어해요. 집에서 키우는 햄스터는 야생 햄스터처럼 흙 속에서 더위를 식힐 수 없기 때문에 적절한 관리가 필요하답니다.

check! 1 장마철에는 곰팡이에 주의

장마철은 습도가 높아서 축축해지기 쉽습니다. 곰팡이나 세균이 번식해서 햄스터가 병에 걸리기 쉬운 계절이기도 하지요. 제습기나 에어컨을 틀어 습도를 조절해 주세요. 그리고 먹다 남긴 음식은 상하기 쉬우므로 매일 확인해서 버려 주세요.

어제 남긴 밥 그대로잖아!
윽, 냄새!

check! 2 에어컨으로 습도를 조절하자

한여름의 무더위는 사람과 마찬가지로 햄스터도 견디기 힘들어요. 방문을 꽉 닫아 놓으면 방 안의 온도가 40℃를 넘기도 하지요. 또 습도가 높으면 햄스터의 체력이 약해지기 쉬워요.
한여름엔 가능하다면 외출할 때도 에어컨을 틀어 온도와 습도를 낮춰 햄스터가 쾌적하게 지낼 수 있게 해 주세요.

여름이지만, 쾌적해!

check! 3 에어컨을 사용하지 않는 더위 대책

에어컨을 사용하지 않을 때는 창문을 열어 통풍이 잘되게 해 주세요. 비가 와서 창문을 열어 둘 수 없다면 선풍기를 사용해도 좋아요. 선풍기를 사용할 땐 한곳에만 바람이 가지 않도록 주의하세요. 케이지 바닥에 아이스 팩을 까는 것도 온도를 낮추는 데 효과적이에요. 단 2시간 정도 후에는 냉각 효과가 사라지기 때문에 새 것으로 교체해 주어야 해요.

check! 4 더위 대책 용품도 이용하자

양감 대리석
매끈한 석면이 시원한 느낌을 줘서 체온을 내려 줘요.

양감 테라코타 보드
미세한 기포가 있는 토기 플레이트. 습기를 흡수해서 통기성이 좋고 토기라서 시원한 느낌을 줘요. 표면이 거칠거칠해서 발톱을 가는 효과도 있습니다.

양감 큐브
시원한 입체형 알루미늄 재질의 공간.

더위 대책 용품을 사용해 보세요!

돌봄(겨울)

너무 추우면 동면하는 경우도 있다

제5장 계절별 돌봄 방법과 외출 시 주의할 점을 알아볼까?

햄스터는 추위에도 약해요. 사는 곳이 추운 지역이라면 추위 대책도 마련해 주세요. 동면(동물이 활동을 중단하고 땅속 따위에서 겨울을 보내는 일)에 빠지면 곧바로 병원에 연락하세요.

check! 1 히터나 전기 매트로 따뜻하게 하자

햄스터는 더위만큼은 아니지만 추위에도 약합니다. 기온이 5℃ 이하로 내려가면 본능적으로 동면에 빠져 버려요. 히터를 틀거나 반려동물용 전기 매트를 사용해 춥지 않게 해 주세요. 또 겨울은 열량을 비축하는 시기이기 때문에 씨앗류 급여를 조금 늘려도 좋아요.

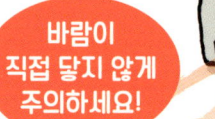
바람이 직접 닿지 않게 주의하세요!

대피 장소

더우면 이동할 수 있도록 반려동물용 전기 매트는 케이지의 반만 닿게 해 주세요.

집사도 화상 주의!

check! 2 전기 매트는 온도를 확인하자

케이지 아래 두고 사용하는 반려동물용 전기 매트. 장시간 켜 두면 너무 뜨거울 수 있으니 사용 전에 미리 만져서 확인하세요.

히터를 사용하지 않는 추위 대책

히터를 사용하지 않을 때는 작은 노력으로도 추위에 대비할 수 있어요. 케이지 안에 베딩을 많이 넣어 주고 따뜻한 담요 등을 케이지 위에 덮어 주세요. 방문을 닫고 커튼을 친 뒤 조금 높은 곳에 케이지를 두면 어느 정도 추위를 막을 수 있답니다.

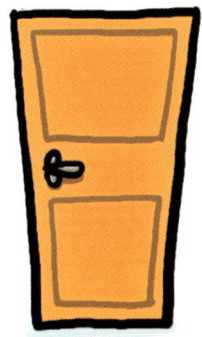

문은 닫는다!

밤에는 커튼을 친다!

낮은 곳은 공기가 차기 때문에 바닥에 케이지를 두지 않는다

방이 너무 추우면 햄스터의 활동이 둔해지며 동면 상태가 되기도 합니다. 그대로 죽을 수도 있으니 주의해야 돼요.

추위 대책 용품도 이용하자

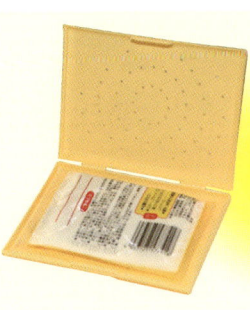

손난로 케이스

서서히 따뜻해지는 손난로. 주머니에 손난로를 넣어 사용하는 타입.

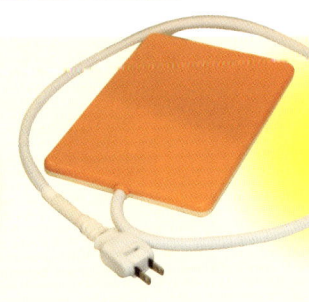

반려동물용 전기 매트

양면에 온도 차이가 있어서 그날의 기온에 맞춰 사용할 수 있어요.

잠시 외출

외출할 때를 위해 이동장을 준비하자

제 5 장 ···· 계절별 돌봄 방법과 외출 시 주의할 점을 알아볼까?

햄스터와 함께 외출하거나 햄스터가 갑자기 아파서
병원에 데려가야 하는 경우가 생길 수 있으니
미리 이동장을 준비하세요.

check! 1 버스나 전철 등으로 이동하는 경우

대중교통을 이용할 땐 햄스터가 스트레스를 받지 않도록 주의해야 돼요. 버스나 전철로 이동하는 경우, 이동장 밖에서 보이지 않도록 가방 등에 넣으세요. 햄스터도 불안해할뿐더러 모든 사람이 다 동물을 좋아하는 건 아니니까요.

집에서 사용한 베딩을 깔아 둔다.

집사! 우리 어디 가는 거야?

수분 보충을 위한 채소와 펠릿을 조금 넣어 둔다.

여름에는 아이스 팩을 붙인다.

또 공기 조절을 할 수 없으므로 온도 관리도 철저히 해 주세요. 여름이라면 이동장에 아이스 팩을 붙이거나 겨울이라면 따뜻한 천 등으로 케이지를 감싸 주세요.

check 2 : 케이지의 사진이나 영상을 보여 주자

햄스터와 처음 병원에 간다면 케이지 상태를 봐 줄 수 있는지 병원에 전화를 걸어 확인하세요. 봐 줄 수 있다고 하면 케이지를 통째로 가져가기는 힘들 수 있으니 스마트폰으로 케이지의 사진이나 영상을 찍어 수의사 선생님께 보여 주세요. 그러면 수의사 선생님께서 잘못된 육아법이나 케이지에 위험한 용품이 있는지 또는 부족한 것이 있는지 등을 살펴봐 주실 거예요. 무엇이 문제인지 이유도 알아 두면 앞으로의 햄스터 육아에도 도움이 되겠지요?

check 3 : 외출이 편리한 이동장

철창+플라스틱 타입
통기성이 좋은 철창(일부 플라스틱) 타입. 철창 부분과 화장실 분리가 간편해서 청소도 쉽다.

플라스틱 타입
수분을 보충할 수 있는 급수기가 달려 있다. 손잡이가 커서 들기 쉽다.

고민되면 가족과 의논해 보세요!

집을 비울 때

집을 비울 때는 어떻게 해야 할까?

여행이나 급한 사정이 생겨 집을 비워야 하는 경우,

하루 이틀 정도라면 햄스터만 집에 둬도 괜찮아요.

다만, 철저히 준비해 두고 외출하세요.

제 5 장 ┃ 계절별 돌봄 방법과 외출 시 주의할 점을 알아볼까?

준비하면 단기간 여행도 가능하다

여행이나 급한 사정 등으로 집을 비우는 경우, 하루 이틀 정도라면 햄스터만 두고 가도 괜찮습니다. 단, 먹이와 물을 충분히 채워 두고 외출하세요. 한여름이나 한겨울의 외박은 되도록 피하세요. 어쩔 수 없이 집을 비워야 한다면 실내 온도에 신경 써야 합니다. 에어컨의 온도를 설정해 두고 외출하세요.

100

반려동물 호텔에 맡기는 방법도 있다

반려동물 호텔은 개나 고양이 위주라서 소동물을 받아 주는 곳은 많지 않을 거예요. 우선 반려동물 호텔에 소동물도 맡아 주는지 확인하세요. 펫 숍이나 평소 다니는 동물병원에 물어보는 것도 방법이에요.

아는 사람에게 부탁하자

햄스터가 스트레스를 가장 덜 받는 방법은 아는 사람을 집으로 오게 해서 돌봐 달라 부탁하는 거예요. 또는 햄스터를 키우고 있어서 햄스터에 대해 잘 아는 친구에게 맡기는 방법도 있어요.
하지만 만약 문제가 생기면 서로 난처해질 수 있으니 부모님 판단에 맡기세요.

Q3 왜 먹이를 볼주머니에 마구 넣는 거예요?

A 야생 햄스터가 생활하는 환경은 날마다 풍족한 먹이를 얻을 수 있는 환경이 아니에요.
그래서 먹이를 발견하면 되도록 많은 양을 가지고 집으로 돌아가려 하지요. 이미 배부르게 먹은 뒤인데도 먹이를 볼주머니에 마구 넣는 것도 이러한 야생에서의 습성이 남아 있기 때문이랍니다.

Q4 햄스터는 집사의 얼굴을 기억하나요?

A 햄스터는 야행성 동물이라서 시력이 별로 좋지 않아요. 그래서 집사를 눈으로 보고 기억하기 보다는 후각(냄새)과 청각(소리)으로 인지한답니다.
집사가 매일 말을 걸며 잘 보살펴 주면 적이 아니라는 것을 알고 잘 따를 거예요.

제**6**장

햄스터가 아프면 어떻게 해야 할까?

질병

햄스터가 잘 걸리는 질병을 알자

제6장 햄스터가 아프면 어떻게 해야 할까?

매일 햄스터를 돌보며 건강 관리를 해 주어도
햄스터가 병에 걸릴 수 있어요.
햄스터가 걸리기 쉬운 질병에 대해 미리 알아 두세요.

 **동물병원은 미리미리 찾아 두자**

햄찌야, 어디가 아픈 거야?

햄스터가 걸리기 쉬운 질병을 미리 알아 두면 햄스터가 병에 걸렸을 때 당황하지 않고 대응할 수 있습니다. 햄스터를 기르기 전에 병원이나 주치의를 찾아 두는 일도 중요해요.

 **몸집이 작아서 수술이나 치료가 어렵다**

햄스터는 몸집이 작아서 병에 걸렸을 때 수술을 하거나 치료하기가 무척 어려워요. 그래서 햄스터와 오래오래 함께 살기 위해선 질병이나 부상을 최대한 예방해야 돼요. 평소에 먹이나 케이지 상태 등에 세심하게 신경 쓰면 질병이나 부상을 어느 정도 예방할 수 있어요.

104

비만이 불러오는 다양한 질병

집에서 기르는 햄스터는 야생 햄스터보다 더 살이 찌기 쉬워요. 먹이를 구하러 나가지 않아도 매일 맛있는 식사가 준비되어 있으니까요.
게다가 햄스터는 해바라기씨와 호박씨 등 고지방 식사를 좋아합니다. 먹는 모습도 어찌나 귀여운지 집사도 맛있는 먹이를 자꾸만 주고 싶을 거예요.
또 야생과는 다르게 집에서 기르는 햄스터는 케이지 안에서만 움직이기 때문에 운동량이 부족해요. 그래서 쉽게 비만이 되곤 하지요.

하지만 사람도 그렇듯 햄스터도 살이 너무 찌면 여러 가지 질병에 걸리기 쉬워요. 지방간, 간경변, 피부병, 안검염(눈꺼풀 염증) 등은 비만인 햄스터에게 자주 보이는 질병이에요. 암컷의 경우 비만이 새끼를 낳을 수 없는 원인이 되기도 합니다. 햄스터의 체중과 건강 관리에 주의하세요.

햄스터의 평균 체중		
	수컷	암컷
중가리아	35g~45g	30g~40g
골든	85g~130g	95g~150g
로보로브스키	15g~30g	

눈이 이상하다

눈을 비빌 때 세균이 들어가면 눈에 염증이 일어나는 경우가 있습니다.

제6장 햄스터가 아프면 어떻게 해야 할까?

결막염

증상 눈곱이 끼고 눈물이 멈추지 않아요. 결막(검은자 둘레에 있는 흰 부분)이 빨개지거나 눈꺼풀이 부어요.

원인 그루밍을 할 때 눈 주위에 상처가 나서 그곳으로 세균이 들어가 염증을 일으켜요.

마이봄샘종

증상 눈꺼풀이 붓거나 결막 부분에 희끄무레한 응어리가 생겨요. 중가리아에 자주 발생해요.

원인 눈꺼풀 뒤에 있는 마이봄샘이 염증을 일으켜요. 이곳의 개구부가 닫혀 분비물이 쌓여 발병해요.

백내장

증상 안구 중심이 하얗게 변하거나 시력이 떨어져요.

원인 나이가 들면서 발생하기 쉬운 질병이에요. 유전이나 내장 질환, 당뇨병 등도 백내장의 원인이에요.

눈의 질병

실제 예

햄스터 눈에 안약을 투여하려다 햄스터가 발버둥을 치는 바람에 눈 주위에 안약이 흘렀다. 그런데 햄스터가 그 부위를 발로 닦다가 상처가 나 염증이 생겨 버렸다. 그래서 약을 발라 주었는데 그걸 또 발로 닦다가 할퀴어 눈언저리에 큰 딱지가 생겼다.

입과 이빨, 먹는 모습이 이상하다

햄스터의 입과 이빨에 질병이 생기면 식욕이 떨어질 수 있어요. 특히 앞니에 문제가 생기면 서둘러 치료해 주어야 해요.

부정교합

증상 이빨이 부러지거나 잘못된 방향으로 휘면 얼굴을 찌르게 돼요. 먹이도 먹을 수 없어서 살이 빠질 거예요.

원인 부드러운 먹이만 주면 앞니가 닳지 않고 계속 자라요. 또 철창형 케이지를 갉아 이빨이 휘기도 해요.

볼주머니 탈출증

증상 평소에는 입안에 있는 볼주머니가 입 밖으로 나오는 증상이에요. 대부분 저절로 입안으로 들어가지만, 그렇지 않을 경우 염증을 일으킬 수 있으니 병원에서 진찰을 받아 보세요.

원인 먹이를 볼주머니에 너무 많이 넣어서 발생해요. 먹이가 볼주머니에 달라붙어 먹이를 꺼낼 때 볼주머니까지 같이 나오는데 명확한 원인은 없어요.

치아 질병

철창형 케이지에서 기르는 햄스터가 철창을 너무 갉아서 위의 앞니가 옆으로 휘어 버려 딱딱한 먹이를 먹을 수 없게 되었다.

실제 예

케이지의 철창을 갉는 아이는 이빨을 잘 살펴봐 주세요.

혹이나 종양이 있다

햄스터는 한 살을 넘기면 몸에 종양이 생기기 쉽습니다.

종양이 잘 생기는 부위

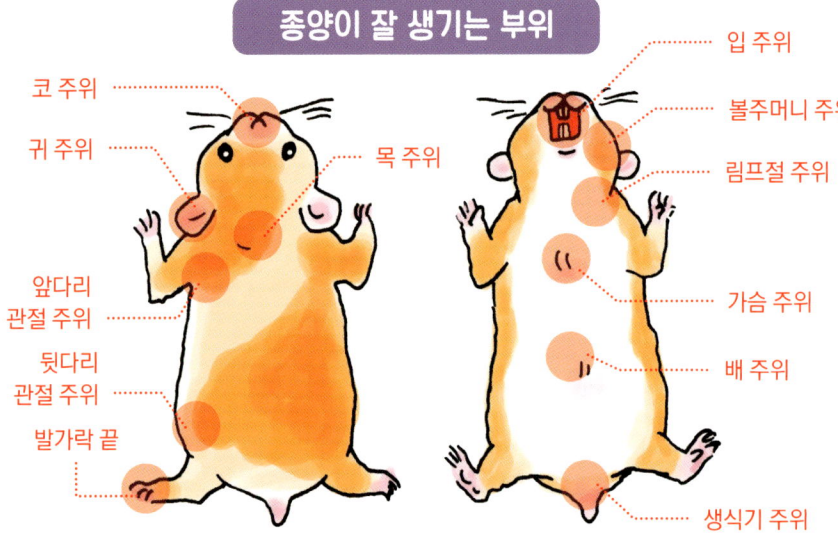

- 코 주위
- 귀 주위
- 앞다리 관절 주위
- 뒷다리 관절 주위
- 발가락 끝
- 목 주위
- 입 주위
- 볼주머니 주위
- 림프절 주위
- 가슴 주위
- 배 주위
- 생식기 주위

제6장 햄스터가 아프면 어떻게 해야 할까?

종기

증상 한 살을 넘기면 위 그림에서 표시한 부분에 단단한 종기가 생기기 쉬워요.

원인 종기가 생기는 원인으로는 유전, 영양 부족, 호르몬 이상 등 여러 가지가 있어요.

농양

증상 피부 아래 농이 차서 물렁물렁한 종양이 생긴 상태예요.

원인 싸워서 상처가 나거나 손톱에 긁혔을 때 염증이 생겨 피부 밑에 농이 차는 경우가 있어요.

종양

햄스터와 놀아 주다가 햄스터 배 주위에 종양 같은 것을 발견했다. 동물병원을 찾았지만 치료할 수 없다는 말에 펑펑 울고 말았다. 먹이에 문제가 있었는지 다른 햄스터에게도 비슷한 종양이 생겼다.

실제 예

신경계 질환

신경계 질환에 걸리면 간질처럼 손발에 경련이 일어나는 경우도 있어요.

간질형 발작

증상
뇌 기능의 일시적인 장애로 경련을 일으켜요. 손발의 경직(몸이 굳어서 뻣뻣해지는 것)이 일어나고 넘어지면서 의식을 잃어요.

원인
뇌종양, 뇌질환, 중독, 바이러스나 기생충 감염 등 여러 가지 원인이 있어요. 증상이 나타나면 즉시 병원에 데려가세요.

털이 빠진다

가려움증이나 탈모 등의 증상이 있는 피부병의 원인은 여러 가지가 있지만, 피부병은 보통 다음의 6가지로 진단돼요.

	병명	원인
가려움증 없음	호르몬 밸런스 실조성 탈모 피부염	호르몬 불균형
	영양 불량성 탈모 피부염	영양 부족
가려움증 있음	진균성 피부염	백선균이라는 곰팡이
	세균성 피부염	상처를 통한 감염, 불결한 환경
	지루성 피부염	비만
	외부 기생충성 피부염	모낭충 등 기생충

피부염

햄스터가 피부염에 걸렸다. 무척 가려워하며 스스로 털을 쥐어뜯어 털이 빠지고 피도 났다. 신문지나 반려동물용 시트를 사용하자 염증이 나았다.

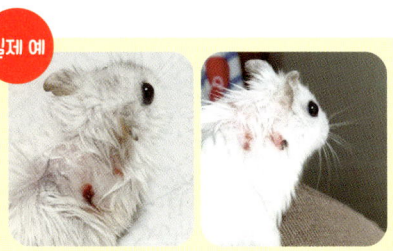

실제 예

check! 9 설사를 한다

햄스터가 갑자기 살이 빠지고 설사를 하는 등의 증상을 보인다면 소화기계 질병에 걸린 것일 수도 있어요. 소화기계 질병엔 어떤 것들이 있는지 알아볼까요?

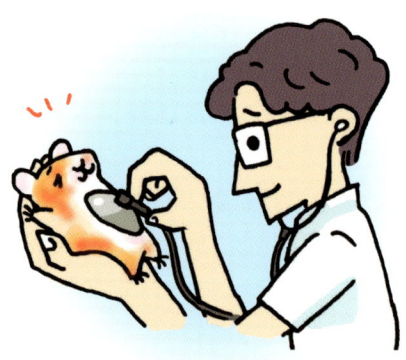

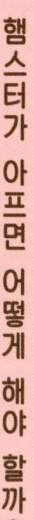

제 6 장 햄스터가 아프면 어떻게 해야 할까?

장폐색

증상 식욕이 없어지고 배가 부풀어 올라요. 먹지 못해서 체력이 점점 떨어지고 살이 빠져요.

원인 화장실용 모래, 솜이나 천을 먹어 발생하는 경우가 많아요.

기생충성 장염

증상 설사를 하며 물 같은 변이 나오기도 해요. 만성화되면 살이 빠지고 탈수 증상을 일으켜요.

원인 지아르디아, 트리코모나스, 조충, 요충 등 기생충이 원인이 되어 감염되는 경우가 있어요. 케이지를 청결히 유지하세요.

웻 테일(Wet tail)

증상 설사를 해서 엉덩이가 젖어 있는 상태. 햄스터는 몸집이 작아서 방치하면 탈수 상태가 되어 2~3일 안에 죽기도 해요.

원인 세균이나 기생충, 곰팡이, 바이러스 등의 복합 감염 외에 스트레스가 원인인 경우도 있어요.

직장 탈출증

증상 항문에서 빨간 직장(대장의 제일 끝부분에서 항문까지의 부분)이 빠져나온 상태. 식욕이 없고 살이 빠져요.

원인 병에 걸려 설사를 반복하면 장이 뒤집혀 항문에서 직장이 빠져나올 수 있어요.

호흡이 이상하다

호흡이 약하다면 호흡기나 순환기계 질병일지도 모릅니다. 숨을 쉴 때 이상한 소리가 들리거나 호흡이 약하다면 바로 병원에 데려가세요.

폐렴

증상 호흡이 약하고, '푸슈', '퓨퓨' 같은 소리를 내요. 몸 전체를 이용해 천천히 크게 호흡해요.

원인 연쇄구균이나 파스퇴렐라 등의 세균 감염, 또는 인플루엔자 바이러스 감염에 의한 폐렴일지도 몰라요.

폐수종

증상 한 살이 넘은 햄스터가 걸리기 쉬운 질병. 폐에 물이 차서 호흡 곤란 상태가 돼요. 배가 부풀거나 식욕이 사라져요. 잇몸이 하얗다면 저산소증이에요.

원인 심근증 등의 심장 질환으로 인해 혈류(피의 흐름)가 폐에서 정체되어 폐에 물이 차요.

심질환·심부전

증상 식욕이 떨어지고 활기를 잃어요. 몸 전체를 이용해 천천히 크게 호흡하는 모습을 보여요. 중증·급성인 경우는 갑자기 호흡 곤란이 오기도 해요.

원인 나이가 들면 심장 기능이 약해져 발병할 수 있어요. 그리고 고혈압을 일으키기 쉬운 먹이를 계속 급여하면 발병하기 쉬워요.

부상 예방

부상을 막으려면
다시 한 번 살펴보자

제 6 장 · 햄스터가 아프면 어떻게 해야 할까?

질병과 다르게 햄스터의 부상은 집사가 주의를 기울인 만큼 어느 정도 예방할 수 있어요. 햄스터가 지내는 케이지의 상태를 세심하게 체크하고, 케이지를 두는 장소 등을 확인하세요.

check! 1 사다리 타입의 쳇바퀴는 주의

케이지가 커서 햄스터가 충분히 운동할 수 있다면 쳇바퀴를 꼭 두지 않아도 돼요. 하지만 케이지가 작아 쳇바퀴가 필요하다면 사다리 타입의 쳇바퀴는 피해 주세요. 특히 나이가 많은 햄스터는 움직임이 둔해서 틈 사이로 발이 빠지는 경우도 있어요. 골절로 인해 괴사가 진행되면 다리를 절단해야 할지도 몰라요.

하 반 신 마 비

햄스터용 케이지로 판매되고 있는 제품은 대부분 사람이 귀엽다고 생각하는 디자인으로 만든 것이기 때문에 야생에서 땅굴을 파서 생활하는 햄스터에게는 적합하지 않다. 햄스터에게 3층짜리 케이지를 사용한 결과, 떨어져서 하반신 마비가 되고 말았다.

실제 예

부주의로 관절이 삐거나 골절되기도 한다

집사의 부주의로 햄스터의 관절이 삐거나 뼈가 부러지는 경우도 있습니다. 케이지를 청소하거나 놀아 주기 위해 햄스터를 케이지 밖으로 꺼내려다 햄스터가 발버둥 치는 바람에 높은 곳에서 떨어지는 사고도 자주 있지요. 햄스터를 밖으로 꺼내려면 반드시 낮은 위치에서 해야 합니다. 또 햄스터를 방에 풀어놓거나, 햄스터가 케이지에서 탈출한 경우 카펫이나 장판에 발톱이 껴서 뼈를 다치기도 합니다.

골절

뒷다리가 부러진 햄스터. 몸집이 작아서 전용 깁스가 아닌 수제 깁스로 고정했다. 그런데 불편함을 느꼈는지 햄스터가 입으로 몇 번이나 벗겨냈다. 그래서 목에 넥카라를 씌웠더니 깁스를 벗겨내진 못했지만, 먹이를 잘 먹지 못해 건강이 급격히 나빠졌다.

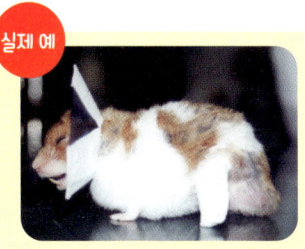

실제 예

방법 32 부상 예방
싸움을 피하고 물리지 않게 주의하자

한 케이지에 여러 마리의 햄스터를 키우면 영역 다툼을 하다가 크게 다칠 수도 있어요. 또 햄스터뿐 아니라 사람도 햄스터에게 물리면 알레르기 증상을 일으킬 수 있으므로 주의해야 돼요.

제6장 햄스터가 아프면 어떻게 해야 할까?

check! 1 두 마리 이상 함께 키우지 말자

햄스터는 한 케이지에 한 마리만 키우는 것이 기본이에요. 여러 마리를 함께 키워도 싸우지 않는 종이나 개체도 있지만 서로 맞지 않으면 싸울 수 있어요. 자신이 상대보다 더 강하다는 것을 드러내고 싶어 하는 동물의 본능 때문이지요. 특히 수컷 골든 햄스터끼리는 영역 다툼이 심하기 때문에 절대로 함께

키워서는 안 돼요. 또 번식을 위해 암컷과 수컷을 한 케이지에 넣을 때도 주의해야 돼요. 짝짓기가 끝나면 곧바로 분리해 주세요.

싸움으로 실명

한 케이지에 두 마리를 키운 결과, 햄스터가 싸우면서 한쪽 눈을 물어뜯어 버렸다. 다행히 생명에는 지장이 없었지만 한쪽 눈을 잃고 말았다. 이후에는 주의해서 기르겠지만, 야생 햄스터였다면 바로 천적의 먹잇감이 되고 말았을 것이다.

실제 예

check! 2 자기보다 덩치가 큰 동물은 천적

개와 고양이를 실내에서 키울 때도 주의하세요. 개나 고양이는 자기보다 작은 동물이 있으면 장난감처럼 생각하고 장난을 칩니다. 하지만 햄스터는 자기를 공격한다고 생각하고 엄청난 스트레스를 받을 거예요.

어쩔 수 없이 함께 키워야 한다면 케이지를 다른 방에 두세요. 특히 고양이는 야생에서 햄스터의 천적이므로 더 주의해야 돼요.

check! 3 아나필락시스 쇼크에 주의

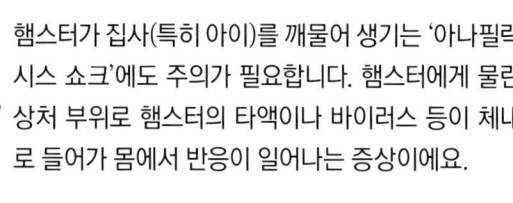

햄스터가 집사(특히 아이)를 깨물어 생기는 '아나필락시스 쇼크'에도 주의가 필요합니다. 햄스터에게 물린 상처 부위로 햄스터의 타액이나 바이러스 등이 체내로 들어가 몸에서 반응이 일어나는 증상이에요.

주요 증상	
얼굴이 빨개지고 열이 난다.	두드러기
입술이나 혀, 손발이 저린다.	재채기가 나온다.
기침이 난다.	기분이 저하된다.
심장이 두근거린다.	식은땀이 흐른다.
숨쉬기가 괴롭다.	

이러한 증상이 나타나면 즉시 병원에서 진찰받으세요.

위험한 음식

햄스터에게 주면 안 되는 위험한 음식

제6장 햄스터가 아프면 어떻게 해야 할까?

햄스터에게 딱히 간식을 줄 필요는 없어요.

귀엽다고 사람이 먹는 과자나 초콜릿 등을 주면 햄스터에게 치명적일 수 있으니 주의하세요.

이런 음식은 절대로 주지 말자!

햄스터에게 절대로 줘서는 안 되는 음식이 있습니다. 채소 중에도 위험한 음식이 많고, 사람에게는 해롭지 않아도 햄스터에게 중독을 일으키는 음식도 있어요.

몸집이 작은 햄스터가 이런 음식을 먹는다면 생명이 위험할 수 있어요. 아이들은 햄스터가 귀여운 나머지 자기가 먹던 과자나 초콜릿, 빵 등을 주려고 할 수 있는데 절대로 줘서는 안 돼요. 관상용 꽃이나 식물 중에도 중독을 일으키는 성분이 함유된 것이 많습니다. 또 어른들이 좋아하는 맥주 같은 알코올이 들어간 음식도 절대로 줘서는 안 돼요.

가족 모두가 햄스터에게 위험한 음식은 무엇인지 기억하고 절대로 주지 마세요. 만약 잘못하여 햄스터가 위험한 음식을 먹어 버린 경우에는 되도록 빨리 뱉게 하고 햄스터를 진찰해 주는 동물병원으로 데려가세요.

중독을 일으키는 위험한 음식과 관엽 식물

채소와 과일
- 부추 ● 아보카도
- 토마토 잎과 줄기
- 감자의 잎과 싹
- 아스파라거스 ● 은행
- 고사리 ● 감 ● 비파
- 복숭아 껍질과 잎 등

꽃과 식물
- 튤립 ● 나팔꽃 ● 창포
- 수선화 ● 시클라멘
- 영산홍 ● 은방울꽃
- 크리스마스 로즈
- 포인세티아 ● 수국 등

과자

과자나 초콜릿, 쿠키 등 사람이 먹는 간식은 절대 주지 마세요. 특히 초콜릿은 햄스터에게 중독을 일으켜 설사와 구토, 발열, 경련 등을 일으키기도 합니다. 또 입속에 남은 초콜릿이 썩어 볼주머니가 부어오르기도 해요.

양파류

양파에는 적혈구를 파괴하는 성분이 들어 있어서 먹으면 빈혈을 일으키거나 혈뇨를 보이는 경우가 있어요. 양파를 익혀도 유독 성분은 사라지지 않기 때문에 익힌 양파도 햄스터에게 주어선 안 돼요. 양파를 썬 칼이나 도마를 씻지 않은 채로 햄스터에게 줄 채소를 썰 때 사용하는 것도 위험해요.

우유

사람이 먹는 우유에는 '유당'이라는 성분이 들어 있어요. 햄스터는 유당을 소화하기 어렵기 때문에 우유를 먹으면 설사를 할 수 있어요. 반려동물용 우유는 유당을 제거한 것이기 때문에 먹여도 괜찮습니다.

도토리

도토리에는 '탄닌'이라는 성분이 들어 있어요. 녹차나 와인에도 들어 있는 성분인 탄닌은 먹으면 떫은맛을 내는 게 특징이에요. 탄닌은 강력한 살균력을 지니고 있어 체내에 흡수되면 소화 기관에 상처를 내거나 체내의 단백질을 체외로 배출시켜 버려요. 햄스터에게 치명적일 수 있으므로 도토리는 주지 않는 게 좋아요.

응급 처치
한여름 밀폐된 방은 열사병의 위험도 있다

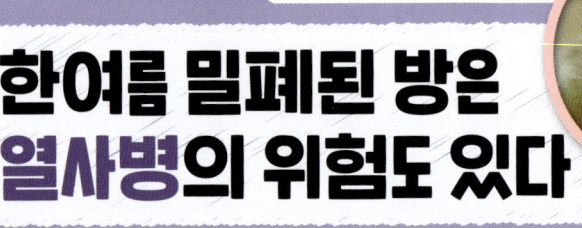

최근 햄스터의 열사병(고온 다습한 곳에서 몸의 열을 발산하지 못하여 생기는 병)이 늘어나고 있어요. 햄스터가 열사병에 걸려 위급한 상황일 경우, 병원에 데려가기 전에 할 수 있는 응급 처치를 알려 줄게요.

제6장 햄스터가 아프면 어떻게 해야 할까?

햄스터도 열사병에 걸린다

여름에 방 안은 무척 뜨거워요. 이럴 때 햄스터를 방 안에 혼자 두고 외출하면 어떻게 될까요? 아마 집에 돌아오면 햄스터가 열사병에 걸려 축 늘어져 있을지도 몰라요. 이런 경우, 위급한 상황이니 일단 햄스터의 몸을 차갑게 해 주는 것이 중요해요. 햄스터가 평소에 축축한 걸 싫어하더라도 긴급한 경우에는 얼음물에 햄스터를 담그세요. 그런 뒤 수건으로 물기를 닦고 되도록 빨리 병원으로 데려가세요.

햄찌 팁!

햄스터를 얼음물에 넣기 겁난다면 손에 찬물을 묻혀 햄스터의 몸에 뿌리세요. 어쨌든 햄스터의 몸을 빨리 식히는 것이 중요해요.

check! 2 병원에 데려갈 때 주의 사항

체온이 전달되기 때문에 안지 말고 이동장에 넣으세요.

몸을 차갑게 식혔다면 곧바로 병원에 데려가세요. 이때 주의 사항이 있습니다. 걱정되는 마음에 손으로 햄스터를 안고 병원에 데려가는 건 좋지 않아요. 사람의 체온 때문에 햄스터에게 다시 열이 전달될 수 있거든요. 바닥에 아이스 팩 등을 붙인 이동장에 넣어 조금이라도 체온을 낮춰 주세요. 차로 이동할 때도 이동장을 무릎 위에 올리면 아이스 팩이 점점 녹기 때문에 주의해야 해요.

햄찌 팁!

위급 상황 혹은 질병이나 부상으로 병원에 데려갈 때는 햄스터를 평소 보살피는 사람이 함께 가세요. 상황을 잘 모르면 제대로 진단하기 힘들어 치료가 어려울 수 있어요.

간병

조용하고 깨끗한 환경이 중요

수술이나 입원할 필요가 없는 경우는 집에서 간호하면 돼요.

평소보다 조용한 환경에서 보살펴 주세요.

다른 햄스터가 있다면 병이 옮지 않게 주의하세요.

제6장 햄스터가 아프면 어떻게 해야 할까?

 **조용한 환경에서 보살피자**

병원에서 진단을 받고 수술이나 입원이 필요하지 않다면 집에서 돌봐 주세요. 몸이 약해져 있는 상태이니 큰 소리를 내거나 함부로 몸을 만져선 안 됩니다. 햄스터가 안정을 취할 수 있도록 케이지에 천을 덮어 어둡게 해 주는 것이 좋아요.

오늘은 조용히 있고 싶어...

보살핀 후에는 손과 도구를 씻자

아픈 햄스터를 보살핀 후에는 손과 청소 도구를 깨끗이 씻으세요. 그대로 두면 손과 청소 도구에 붙은 바이러스나 세균이 다른 장소나 햄스터에게 옮겨갈 수 있습니다.

여러 마리를 키운다면 케이지를 분리하자

만약 한 케이지에 햄스터를 두 마리 이상 기른다면 병이 옮을 수 있으니 케이지를 분리하세요.
병이 옮지 않는다 해도 약해져 있는 햄스터는 공격당하기도 쉽기 때문에 분리해 주는 게 좋아요.

간호

햄스터도 사람처럼 간호가 필요하다

제 6 장 햄스터가 아프면 어떻게 해야 할까?

햄스터의 수명은 평균 2~3년으로 매우 짧아요. 한 살 반을 넘기면 고령에 속하기 때문에 간호가 필요하지요. 케이지 안의 장애물들을 치우고 먹이도 부드러운 것으로 바꿔 주세요.

check! 1 부드러운 음식으로 바꾸자

햄스터는 나이를 먹으면 이빨이 약해집니다. 이빨이 빠지거나 교합이 잘되지 않아 그동안 먹던 먹이를 점점 먹을 수 없게 되지요. 이때는 부드러운 음식으로 바꿔 주세요. 펠릿이나 영양이 풍부한 씨앗류를 갈아 으깨서 물이나 두부 등을 섞어 동글동글하게 빚은 '펠릿 경단'을 줘 보세요. 먹기가 한결 편할 거예요. 두부나 플레인 요거트 등을 조금씩 줘도 좋아요.

펠릿 경단

케이지 안의 장애물을 없애자

사람과 똑같이 햄스터도 나이를 먹으면 움직임이 둔해지고 다리와 허리가 약해집니다. 부상을 당하기 쉽기 때문에 케이지 안은 되도록 장애물을 없애고 편안한 환경으로 만들어 주세요.

햄찌 팁!

쳇바퀴와 장난감 등은 케이지 밖으로 빼내고 베딩을 듬뿍 넣어 푹신하게 해 주세요.

나도 옛날에는 쌩쌩했는데…

이별

생명에는 끝이 있다
햄스터와 이별하기

제6장 햄스터가 아프면 어떻게 해야 할까?

살아 있는 생명체에는 반드시 죽음이 찾아와요. 특히 햄스터의 수명은 정말 짧지요. 햄스터가 무지개다리를 건널 때는 가족 모두가 작별 인사를 해 주세요.

마지막 곁을 지키고 제대로 이별하자

가족의 일원인 반려동물이 무지개다리를 건너는 건 무척이나 괴로운 일이지요. 특히 햄스터는 수명이 짧기 때문에 이별의 시간이 더 빨리 찾아올 거예요.
하지만 살아 있는 생명체에는 반드시 죽음이 찾아온답니다. 마지막까지 곁을 지켜 준다면 햄스터도 행복하게 떠날 수 있을 거예요.

그동안 고마웠어요 햄찌가.

햄찌 팁!

울고 싶은 만큼 실컷 울고 마음을 가다듬으세요.

check 2 화장과 매장은 어떻게 해야 할까?

햄스터가 무지개다리를 건너면 화장이나 매장을 해 주세요. 최근에는 반려동물 납골당도 늘어나고 있어서 화장해서 납골하는 방법도 있습니다. 집에 마당이 있다면 땅에 묻어 무덤을 만들어도 좋아요.

매장

집에 마당이 있다면 묻어서 무덤을 만들어 주는 방법도 있어요. 길고양이 같은 동물이 파헤치지 못하도록 조금 깊이(30cm 이상) 파서 묻어 주세요.

반려동물 납골당

반려동물의 장례와 화장을 치러 주고 납골 장소 등을 마련해 주는 반려동물 납골당. 다양한 상품이 있으니 부모님과 잘 의논해 보세요.

햄찌 팁!

정식 허가를 받지 않고 반려동물 장례 광고를 하는 업체도 많아요. 몇 년도 채 지나지 않아 문을 닫는 바람에 납골당이 그대로 방치되고 있다는 안타까운 소식도 많이 들리지요. 괜찮은 곳인지 판단이 잘 서지 않을 땐 부모님과 함께 직접 찾아가서 살펴보세요.

햄스터에 대해서 좀 더 알려 주세요! 3

Q5 햄스터의 꼬리는 왜 그렇게 짧아요?

A 햄스터는 쥣과에 속합니다. 그래서 원래는 쥐처럼 긴 꼬리를 가졌을 것으로 추정돼요. 하지만 햄스터는 땅 속에 굴을 파고 생활하는 동물이므로 쥐처럼 높은 곳에 오르거나 나뭇가지 위에서 중심을 잡으며 이동할 필요가 없어요.
그래서 균형을 잡거나 몸을 지탱하는 데 필요한 꼬리는 점점 퇴화해 짧아지게 된 거예요.

Q6 햄스터와 친해지기 어려워요. 어떻게 하면 좋을까요?

A 햄스터는 야생에서 다양한 천적의 표적이 되기 때문에 경계심이 매우 강한 동물입니다. 그래서 서두르지 말고 천천히 다가가는 것이 중요해요.
특히 대부분의 로보로브스키는 사람을 잘 따르지 않습니다. 비교적 사람을 잘 따르는 중가리아나 골든 햄스터도 개체에 따라서는 친해지기 어려운 아이도 있어요. 시간을 가지고 천천히 친해지도록 노력해 보세요.

Q7 과일을 먹이로 줘도 될까요?

A 햄스터는 잡식성 동물로 과일을 무척 좋아합니다. 특히 딸기와 사과를 정말 좋아하지요. 하지만 과일에는 당분이 많기 때문에 한꺼번에 너무 많은 양을 줘서는 안 돼요. 또 햄스터가 좋아한다고 해서 과일을 주식으로 주면 영양 불균형이 오거나 비만이 되기 쉬우므로 주의해야 돼요.

Q8 수염은 무슨 역할을 해요?

A 햄스터의 코 주변에 있는 수염은 주변 상황을 감지하는 '센서' 역할을 합니다. 수염의 뿌리 부분에는 민감한 신경이 집중되어 있어서 수염을 통해 장애물의 위치와 거리 등을 파악할 수 있어요. 햄스터는 야행성이기 때문에 깜깜한 곳에서 이동할 일이 많아요. 하지만 햄스터의 시력은 그다지 좋지 않기 때문에 대신 수염의 감각이 발달하게 된 거지요.

Q&A 햄스터에 대해서 좀 더 알려 주세요! 4

Q9 왜 자고 있을 때는 귀가 축 처져 있나요?

A 햄스터는 원래 땅 속에 굴을 파서 생활하는 동물이므로 귀가 쫑긋한 것보다는 축 처져 있는 편이 좁은 굴 안에서 움직이기 더 쉬워요.
햄스터의 귀가 쫑긋 서 있는 이유는 주위의 소리를 듣고 천적의 접근에 민첩하게 대응하기 위해서예요. 원래 쫑긋 서 있는 게 아니라 주변을 경계하기 위해 귀를 세우는 거지요. 자고 있을 때는 귀를 세워 경계할 필요가 없기 때문에 귀가 축 처져 있는 거랍니다.

Q10 펠릿은 잘 안 먹고 해바라기씨만 먹어요.

A 사람도 좋아하는 음식과 싫어하는 음식이 있으면 좋아하는 음식만 골라 먹곤 하지요. 햄스터도 마찬가지예요.
펠릿과 해바라기씨를 동시에 주면 좋아하는 해바라기씨만 골라 먹어서 비만이 되기도 합니다. 평소 주식으로는 펠릿만 주고 씨앗류 등은 가끔 간식 정도로만 급여해 주세요.

Q11 햄스터에게 일광욕을 시켜 줘야 하나요?

A 야생 햄스터는 야행성이라 낮에는 땅굴에서 자기 때문에 일광욕이 꼭 필요하진 않아요. 다만 햇볕을 전혀 쬐지 않으면 몸에 좋지 않기 때문에 햇볕이 너무 강하지 않은 계절이나 시간대를 골라 커튼 너머 비치는 햇볕으로 짧게 일광욕 시켜 주세요.
한여름의 직사광선은 열사병의 원인이 되기도 하므로 주의하세요.

Q12 자기 응가를 먹었어요. 그래도 괜찮나요?

A 이건 토끼나 다람쥐 등에서도 볼 수 있는 '식분 행동'이에요. 극히 자연스러운 행동이지요. 살아가는 데 필요한 영양소를 자신의 대변을 먹음으로써 부충하는 거예요.
햄스터는 먹이에 들어 있는 식물 섬유를 한 번에 소화해서 흡수할 수 없어요. 그래서 일단 한 번 소화시켜서 대변으로 내보낸 뒤, 그것을 다시 먹음으로써 대변 속에 들어 있는 영양소를 흡수하는 거지요.

햄찌 집사 일지

내 집사가 되어 주겠다고?

날 키우려면 아래 준비물 외에도 먹이와 베딩도 필요해!

준비해야 할 것들

밥그릇

급수기

챗바퀴

케이지

※ 위의 일러스트는 이미지일 뿐 정확한 제품을 고르는 방법은 46~52p를 참고해 주세요.

날짜	먹이 종류/급여량	몸무게	청소 상황	특이 사항
3월 5일	펠릿 / 12g	135g	베딩 교체	처음으로 손 위에 올라와서 먹이를 먹음
월 일				
월 일				
월 일				
월 일				
월 일				

관찰 일지

3월 12일 화요일
케이지를 청소하는 사이 말랑이가 탈출했다. 아무리 찾아봐도 말랑이가 보이지 않아서 덜컥 겁이 난다. 그러다 엄마가 먹이로 유인을 해보자고 하셔서 말랑이가 좋아하던 해바라기씨를 거실 한가운데에 뒀더니 어디선가 말랑이가 나타났다. 말랑이를 찾았다는 안도감에 눈물이 찔끔 날 뻔했다.
'말랑아, 다시는 헤어지지 말자!'

나를 잘 돌봐줄 수 있지?

책을 다 읽었다면 이제 햄스터를 돌보고 관찰하며 집사 일지를 써 보세요.
표에는 햄스터가 먹은 먹이의 종류나 급여량,
몸무게 등 그날그날의 햄스터 건강 상태를 기록해 보고,
아래에는 햄스터와 기억에 남는 일을 일기 형식으로 써 보며,
햄스터에 대해 더 잘 알아보아요.

날짜	먹이 종류/급여량	몸무게	청소 상황	특이 사항
3월 5일	펠릿 / 12g	135g	베딩 교체	처음으로 손 위에 올라와서 먹이를 먹음
월 일				
월 일				
월 일				
월 일				
월 일				
월 일				

관찰 일지

3월 12일 화요일
케이지를 청소하는 사이 말랑이가 탈출했다. 아무리 찾아보아도 말랑이가 보이지 않아서 덜컥 겁이 났다. 그러다 엄마가 먹이로 유인을 해 보자고 하셔서 말랑이가 좋아하던 해바라기씨를 거실 한가운데에 두었더니 어디선가 말랑이가 나타났다. 말랑이를 찾았다는 안도감에 눈물이 찔끔 날 뻔했다.
'말랑아, 다시는 헤어지지 말자!'

날짜	먹이 종류/급여량	몸무게	청소 상황	특이 사항
월 일				
월 일				
월 일				
월 일				
월 일				
월 일				
월 일				

관찰 일지

날짜	먹이 종류/급여량	몸무게	청소 상황	특이 사항
월 일				
월 일				
월 일				
월 일				
월 일				
월 일				
월 일				

관찰 일지

날짜	먹이 종류/급여량	몸무게	청소 상황	특이 사항
월 일				
월 일				
월 일				
월 일				
월 일				
월 일				
월 일				

관찰 일지

날짜	먹이 종류/급여량	몸무게	청소 상황	특이 사항
월 일				
월 일				
월 일				
월 일				
월 일				
월 일				
월 일				

관찰 일지

날짜	먹이 종류/급여량	몸무게	청소 상황	특이 사항
월 일				
월 일				
월 일				
월 일				
월 일				
월 일				
월 일				

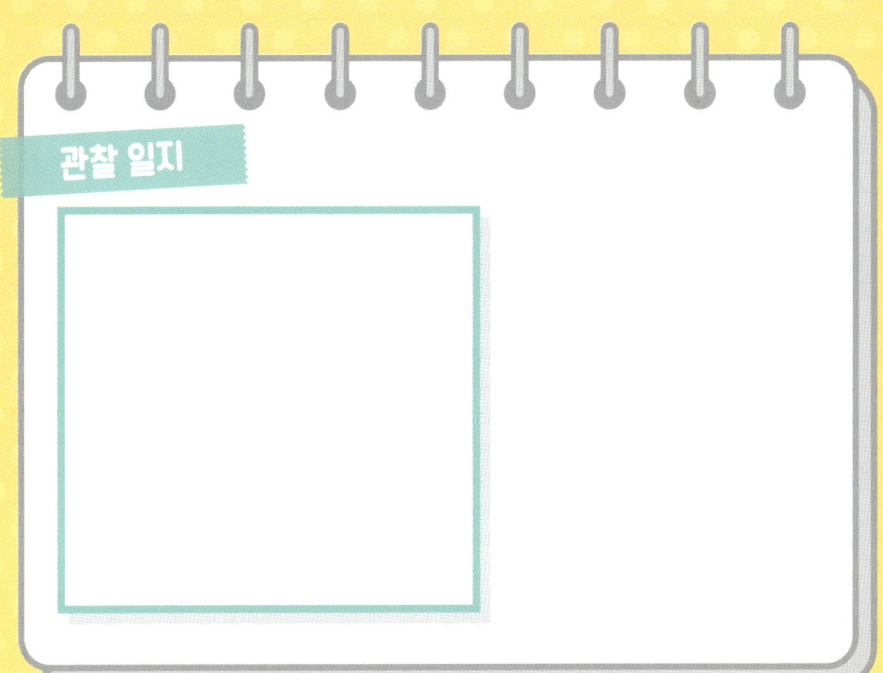

관찰 일지

날짜	먹이 종류/급여량	몸무게	청소 상황	특이 사항
월 일				
월 일				
월 일				
월 일				
월 일				
월 일				
월 일				

관찰 일지

끝맺으며

지금까지 햄스터를 키울 때 주의해야 하는 점과
올바른 햄스터 육아법에 대해서 소개했는데 어땠나요?
물론 여기에 쓰인 내용이 전부는 아니에요.
또 햄스터마다 성격도, 건강 상태도 모두 다르기 때문에
책의 내용과 맞지 않는 경우도 있을 거예요.
하지만 한 생명을 책임지기 위해서는 철저한 준비가 필요해요.
준비가 되지 않은 상태로 반려동물을 식구로 맞이하면
오래 함께하지 못할 수도 있어요.
이 책을 통해 햄스터의 올바른 육아법에 대해 배우고
준비가 되었다면 햄스터를 반려동물로 맞이해 보세요.
작고 귀여운 햄스터는 여러분에게 소중한 친구가 되어 줄 거예요.

조세이가오카 펫 클리닉
원장 오바 슈이치

초보 집사도 할 수 있다!

햄스터 야무지게 키우기

초판 1쇄 인쇄 2024년 10월 11일
초판 1쇄 발행 2024년 10월 21일

감수 오바 슈이치
옮김 장하나

발행인 심정섭　편집인 안예남　편집팀장 이주희　편집 도세희
제작 정승헌　브랜드마케팅 김지선, 하서빈　출판마케팅 홍성현, 김호현
디자인 디자인 레브
인쇄처 에스엠그린

촬영·취재 협력 城西ケ丘ペットクリニック (조세이가오카 펫 클리닉)
상품촬영 협력 P2ペットワールドトリアス久山店 (P2 펫월드 트리어스 히사야마 점)

발행처 ㈜서울문화사
등록일 1988년 2월 16일
등록번호 제2-484
주소 서울시 용산구 새창로 221-19
전화 02-799-9149(편집) | 02-791-0752(출판마케팅)

ISBN 979-11-6923-331-6

SHOUGAKUSEI DEMO ANSHIN!
HAJIMETE NO HAMSTER TADASHII KAIKATA·SODATEKATA
ⓒ HORI Edit Office, 2013, 2017
Originally published in Japan in 2017 by MATES universal contents Co.,Ltd., Tokyo.
Korean translation rights arranged with MATES universal contents Co.,Ltd., Tokyo
through TOHAN CORPORATION, TOKYO and Shinwon Agency Co., SEOUL.

※ 잘못된 제품은 구입처에서 교환해 드립니다.